中药材选育新品种汇编（2003-2016）

◎ 魏建和　杨成民　主编

中国农业科学技术出版社

图书在版编目（CIP）数据

中药材选育新品种汇编：2003—2016 / 魏建和，杨成民主编 .
—北京：中国农业科学技术出版社，2019.5
ISBN 978-7-5116-3388-0

Ⅰ . ①中… Ⅱ . ①魏… ②杨… Ⅲ . ①药用植物—选择育种—2003-2016 Ⅳ . ① S567.024

中国版本图书馆 CIP 数据核字（2017）第 287687 号

责任编辑　于建慧
责任校对　马广洋

出 版 者　中国农业科学技术出版社
　　　　　北京市中关村南大街 12 号　邮编：100081
电　　话　（010）82109708（编辑室）（010）82109702（发行部）
　　　　　（010）82109709（读者服务部）
传　　真　（010）82106629
网　　址　http：//www.castp.cn
经 销 者　各地新华书店
印 刷 者　北京富泰印刷有限责任公司
开　　本　880mm × 1 230mm　1 /32
印　　张　9.125
字　　数　248 千字
版　　次　2019 年 5 月第 1 版　2019 年 5 月第 1 次印刷
定　　价　80. 00 元

《中药材选育新品种汇编（2003—2016）》编委会

本书出版得到以下资助

①国家中医药管理局：中医药行业科研专项

——30项中药材生产实用技术规范化及其适用性研究（201407005）

②工业和信息化部消费品工业司：2017年工业转型升级（中国制造2025）资金（部门预算）

——中药材技术保障公共服务能力建设（招标编号0714-EMTC-02-00195）

③农业农村部：现代农业产业技术体系建设专项资金资助

——遗传改良研究室——育种技术与方法（CARS-21）

④中国医学科学院：中国医学科学院重大协同创新项目

——药用植物资源库（2016-I2M-2-003）

⑤中国医学科学院：中国医学科学院医学与健康科技创新工程项目

——药用植物病虫害绿色防控技术研究创新团队（2016-I2M-3-017）

⑥工业和信息化部消费品工业司：工业和信息化部消费品工业司中药材生产扶持项目

——中药材规范化生产技术服务平台（2011-340）

序 言

中药农业是中药产业链的基础。通过国家“十五”“十一五”对中药农业的大力扶持，中药农业在规范化基地建设、中药材新品种选育、中药材主要病虫害防治、濒危药材繁育等方面取得了长足进步，科学技术水平有了显著提高。但因中药材种类众多，受发展时间短、投入的人力物力有限影响，我国中药农业的整体发展水平至少落后我国大农业 20~30 年，远不能满足中药现代化、产业化的需要。

我国栽培或养殖的中药材近 300 种，种类多、特性复杂，科技投入有限，中药材生产技术研究和应用却一直处于两极分化状态。一方面，科研院所和大专院校的大量研究成果没有转化应用；另一方面，药农在生产实践中摸索了很多经验，但没有去伪存真，理论化和系统化不足，造成好的经验无法有效传播。同时，盲目追求产量造成化肥、农药、植物生长调节剂等大量滥用。针对这种情况，需要引进和借鉴农业和生物领域的适用技术，整合各地中药材生产经验、传统技术和现代研究进展，集成中药材生产实用技术，通过对其规范，研究其适用范围，是最大限度利用现有资源迅速提高中药材生产技术水平的一条捷径。

在国家中医药管理中医药行业科研专项“30 项中药材生产实用技术规范化及其适用性研究”（201407005）、中国医学科学院医学与健康科技创新工程重大协同创新项目“药用植物资源库”（2016-I2M-2-003）、农业农村部国家中药材现代农业产业技术体系“遗传改良研究室—育种技术与方法”（CARS-21）、工业和信息化部消费品工业司2017年工业转型升级（中国制造2025）资金（部门预算）：中药材技术保障公共服务能力建设（招标编号0714-EMTC-02-00195）、中国医学科学院医学与健康科技创新工程项目，药用植物病虫害绿色防控技术研究创新团队（2016-I2M-3-017）、工业和信息化部消费品工业司中药材生产扶持项目，中药材规范化生产技术服务平台（2011-340）等课题的支持下，以中国医学科学院药用植物研究所为首的科研院所，与中国医学科学院药用植物研究所海南分所、重庆市中药研究院、南京农业大学、中国中药有限公司、南京中医药大学、中国中医科学院中药研究所、浙江省中药研究所有限公司、河南师范大学等单位共同协作。并得到了国内从事中药农业和中药资源研究的科研院所、大专院校众多专家学者的帮助。立足于中药农业需要，整理集成与研究中药材生产实用技术，首期完成了中药材生产实用技术系列丛书9个分册:《中药材选育新品种汇编（2003—2016）》《中药材生产肥料施用技术》《中药材农药使用技术》《枸杞病虫害防治技术》《桔梗种植现代适用技术》《人参病虫害绿色防控技术》《中药材南繁技术》《中药材种子萌发处理技术》《中药材种子图鉴》。通过出版该丛书，以期达到中药材先进适用技术的广泛传播，为中药材生产一线提供服务。

感谢国家中医药管理局、工业和信息化部、农业农村部等国家部门及中国医学科学院的资助！

衷心感谢各相关单位的共同协作和帮助！

前言

中药材的种植和养殖是中药资源可持续利用最重要的方式。作为中医药事业发展的源头——中药材既是“大农业”的组成部分，又是特殊的农产品，其质量的优劣和安全性直接影响中药系列产品的质量和疗效。优良的中药材品种既是中药材质量稳定的基础，又是中药材规范化生产的保证。目前，我国有近300种中药材实现了人工栽培，但作为“源头工程”的良种选育却是GAP研究中最薄弱的环节之一。绝大部分栽培中药材为遗传混杂群体，整齐度差、产量低、品质不稳定。“源头工程”缺位，成为制约中药材规范化生产、中药材优质的主要“瓶颈”环节之一。因此，发展高效、优质、抗逆的中药材新品种是中药材规范化生产的必由之路。在国家的大力支持下，通过“十五”“十一五”“十二五”国家科技专项、国家中医药行业科研专项等项目的支持，经过众多科学家和一线科研人员的不懈努力，中药材新品种选育工作已积累了一定基础。在选育的中药材数量和质量、选育的技术水平和人才队伍建设的方面取得了一定成绩。

中药材新品种是指经过人工选育，形态特征和生物学特性相对一致，遗传性状相对稳定，可用于中医药临床用药和中药产业的发展需求的药用植物、药用动物群体。本书介绍了我国中药材新品种选育以及认证体系现状，梳理和列举了将2003—2016年各省中药材选育新品种的种类、品种名称、鉴定编号、选育单位、品种来源

注：1亩≈667m^2。全书同

以及特征特性、产量表现、栽培技术要点、适宜区域等。

本书资料收集过程中得到了北京市种子管理站徐淑莲老师、山西大学秦雪梅教授、湖北省农业科学院中药材研究所廖朝林研究员、广州中医药大学赖小平研究员、河北省农林科学院经济作物研究所谢晓亮研究员、山东中医药大学张永清教授、中国医学科学院药用植物研究所广西分所（广西药用植物园）马小军研究员、成都中医药大学李敏教授、重庆市中药研究院李隆云研究员、福建省农业科学院陈菁瑛研究员、河南中医药大学董诚明研究员、吉林农业大学张连学教授、吉林省种子管理总站刘振蛟老师、湖南农业大学曾建国教授、浙江省中药研究所有限公司王志安研究员、甘肃中医药大学杜弢教授、安徽省农业科学院园艺研究所董玲研究员、贵州省中药研究所冉懋雄研究员、宁夏农林科学院安巍研究员等专家的大力支持和帮助，在此表示衷心感谢！

编者

2017 年 3 月

目录

第一部分　概　述

一、中药材新品种选育现状…… 2
二、中药材新品种认证体系现状…… 5
三、中药材新品种选育建议…… 6

第二部分　各省（区、市）新品种选育情况

一、北京市中药材新品种选育情况……10
二、山西省中药材新品种选育情况……34
三、湖北省中药材新品种选育情况……39
四、广东省中药材新品种选育情况……45
五、河北省中药材新品种选育情况……49
六、山东省中药材新品种选育情况……68
七、浙江省中药材新品种选育情况……77
八、广西壮族自治区中药材新品种选育情况……96
九、四川省中药材新品种选育情况…… 101

十、福建省中药材新品种选育情况…………………………………… 135
十一、河南省中药材新品种选育情况………………………………… 151
十二、吉林省中药材新品种选育情况………………………………… 156
十三、湖南省中药材新品种选育情况………………………………… 196
十四、甘肃省中药材新品种选育情况………………………………… 220
十五、安徽省中药材新品种选育情况………………………………… 233
十六、宁夏回族自治区中药材新品种选育情况……………………… 250
十七、陕西省中药材新品种选育情况………………………………… 266
十八、重庆市中药材新品种选育情况………………………………… 270
十九、天津市、贵州省、江苏省、江西省、新疆维吾尔自治区
中药材新品种选育情况………………………………………… 279

致 谢 …………………………………………………………………… 281

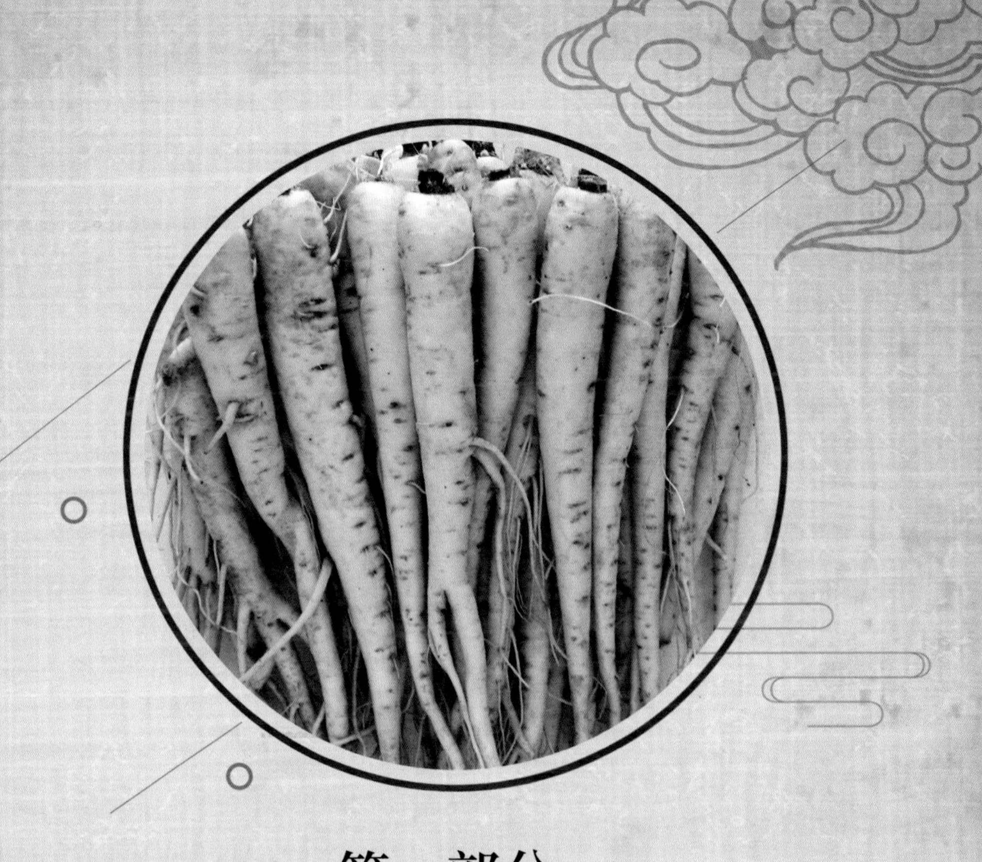

第一部分

概　述

一、中药材新品种选育现状

十多年来（截至 2016 年），中药材新品种选育工作在国家大力扶持下已积累了一定基础。在选育的中药材数量和质量、选育的技术水平和人才队伍建设方面取得一定成绩，特别是国家“十一五”科技支撑计划项目专门设立了“生物技术与中药材优良品种选育研究”课题，首次大规模支持了多种药材新品种选育或种质创新研究。后续国家中医药行业科研专项“荆芥等 9 种大宗药材优良种质挖掘与利用研究”等项目以及支持各产业省和种植基地省的国家科技支撑计划等又给予了大力支持。目前，已有北柴胡、丹参、薏苡、青蒿、荆芥、桔梗等药材共选育出 235 个优良新品种，选育出的新品种药材种类从 20 世纪 90 年代的不足总量 5%（10 种左右）到目前达到 40.5%（81 种），其中，已有 164 个新品种得到了推广（表 1），占育出品种总数的 72.8%。

从采用的品种选育方法分析，已有引种驯化（1.5%）、集团选育（16.7%）、选择育种（2.5%）、无性系（8.6%）、化学或辐射诱变（4.5%）、组培脱毒（1.5%）、系统选育（54.5%）、杂交育种（10.1%）等的应用。中药材选育方法已呈现出从“选”到“育”的发展趋势。中国医学科学院药用植物研究所利用系统选育和杂交育种方法已培育新品种 13 个，其中包括首个利用系统选育方法已培育新品种 13 个，其中包括首个利用系统选育方法培育的人参新品种“新开河 1 号”、柴胡二代新品种“中柴 2 号”和“中柴 3 号”、荆芥新品种“中荆 1 号”和“中荆 2 号”，以及桔梗杂种一代“中梗 1、2、3、9 号”系列新品种等。其中，桔梗杂交新品种是我国中药材育种领域内真正意义上第一个杂种一代新品种，是我国首个利用细胞质雄性不育系和自交系配制，并在生产上应用的杂交种。这对于跨越式实现中药材良种的产业化，利用杂种一代种源的高度可控推动中药材 GAP 的实施具有重要的开拓性意义。

虽然中药材新品种选育已取得较大进展，但人工栽培的中药材仍有 60% 约 119 种没有选育出优良品种。此外，通过“十五”、“十一五”的积累和辐射带动作用，全国的中药材选育技术力量得到了极大强化，一支近百人从事中药材种质资源和新品种创制的优势团队基本形成，但面对种类繁多的中药材，品种选育队伍还有待进一步培养壮大。

表1 已选育出新品种的中药材

序号	药材名	育成数量	推广数量	序号	药材名	育成数量	推广数量
1	丹参	13	9	21	党参	3	0
2	金银花	13	13	22	附子	3	3
3	铁皮石斛	9	8	23	黄芩	3	0
4	人参	8	1	24	绞股蓝	3	3
5	青蒿	8	8	25	灵芝	3	3
6	枸杞	7	4	26	鱼腥草	3	3
7	黄姜	7	7	27	沙棘	3	3
8	薏苡	7	6	28	天冬	3	3
9	桔梗	6	1	29	天麻	3	3
10	菊花	6	4	30	五味子	3	3
11	罗汉果	6	5	31	西洋参	2	2
12	太子参	6	5	32	玉竹	2	0
13	当归	5	5	33	白芷	2	2
14	黄芪	5	2	34	川芎	2	2
15	北柴胡	4	2	35	灯盏花	2	1
16	杜仲	4	4	36	滇龙胆	2	0
17	山银花	4	4	37	秦艽	2	0
18	月见草	4	4	38	滇重楼	2	2
19	紫苏	4	1	39	葛根	2	2
20	半夏	3	2	40	粉葛	2	2

（续表）

序号	药材名	育成数量	推广数量	序号	药材名	育成数量	推广数量
41	钩藤	2	2	65	牛膝	1	1
42	红花	2	2	66	蓬莪术	1	1
43	金线莲	2	0	67	千层塔	1	1
44	荆芥	2	1	68	三七	1	0
45	麦冬	2	2	69	蛇足石杉	1	1
46	山药	2	2	70	石蒜	1	1
47	山茱萸	2	2	71	水栀子	1	1
48	水飞蓟	2	0	72	菘蓝	1	1
49	玄参	2	2	73	温郁金	1	1
50	白芍	1	1	74	仙草（凉粉草）	1	1
51	白术	1	0	75	延胡索	1	1
52	苍术	1	0	76	野葛	1	1
53	蝉拟青霉	1	0	77	郁金	1	1
54	大黄	1	1	78	元胡	1	0
55	地黄	1	1	79	远志	1	1
56	叠鞘石斛	1	1	80	浙贝母	1	1
57	赶黄草	1	1	81	川贝母	1	1
58	红柴胡	1	1	82	竹节参	1	1
59	厚朴	1	1	83	博落回	1	1
60	黄栀子	1	0	84	茯苓	1	1
61	金荞麦	1	1	85	板蓝根	1	0
62	栝楼	1	0	86	山药	1	1
63	雷公藤	1	1	87	防风	1	1
64	蔓性千斤拔	1	1				

中药材品种选育研究尚停留在种质资源评价的“初级”阶段，育种手段和方法落后；新品种选育体系、评价体系、繁育体系没有建立；解决农药残留问题最有效的方法之一的“中药材抗病育种”

研究，也还没有取得实质进展。与此形成鲜明对照的是我国主要农作物的品种已更新换代 3~5 次，良种覆盖率达 85% 以上，新品种在农业科技进步中贡献率达 40% 以上。此外，虽然生物技术飞速发展，在农作物的品种选育中得到了大量的应用，但在中药材上才刚刚起步，需要继续探索。

二、中药材新品种认证体系现状

目前，依托农业、林业种子管理体系，中药材新品种的审定、鉴定、认定或登记工作体系已基本建立。中药材品种审定、鉴定、认定或登记工作正逐步走向管理科学、严谨、可靠的规范化轨道。在管理体系方面，24 个省（区、市）的种子管理部门已将其纳入到非主要农作物中，包括北京、重庆、浙江、云南、新疆维吾尔自治区（全书简称新疆）、天津、四川、陕西、山西、山东、宁夏回族自治区（全书简称宁夏）、江西、江苏、吉林、湖南、湖北、黑龙江、河南、河北、贵州、广西壮族自治区（全书简称广西）、甘肃、福建、安徽。6 个省（区、市）建立了专门的中药材专业委员会或相关委员会，如吉林、山东、浙江、福建、四川、福建等。但仅有一些草类药材如甘草纳入《全国牧草品种审定委员会》和木本药材如金银花、杜仲等纳入《全国林木品种审定委员会》。这便存在一些问题，如在新品种的审定、鉴定、认定或登记工作中，对于新品种的种类界定受到限制，驯化自野生、引种自其他地区种、农家品种、育成品种兼顾不足；同时，基本上未考虑中药材品种自身的特性，相对于农作物以产量优先兼顾品质，中药材则首先是品质（整齐度、质量指标）为先，其次才是产量、抗性。因此，有必要制定具有全国指导性意义的《中药材新品种认定指导办法》，促进国家级中药材新品种审定委员会的建立。令人欣喜的是，2016 年 1 月 1 日实施的新修订的《种子法》，在第七十六条草种、食用菌菌种基础上，增列“中药材种子”。目前，农业农村部和国家中医药管理局已启动了《中药材种子管理办法》的制定工作，将促进和加强中药材新品种选育和登记、种子经营管理、种子产业化发展。

另外，中药材新品种的区域试验还处于自发状态。对比全国农作物品种区试网点规模近 300 个而言，中药材的国家级或省级的试验站仍是空白。众所周知，中药材品质具有受到遗传和环境的双重作用，中药材新品种的选育、鉴定、审定、推广是一个长期的过程，因此，建设国家级或省级中药材品种试验站才能从根本上保证新品种试验、推广的公正和可靠，并有力地促进全国中药材品种审定、鉴定、认定或登记工作逐步走向管理科学、严谨、可靠的规范化轨道。

三、中药材新品种选育建议

目前，常用的中药材中经选育的优良品种不多，大多数人工栽培的中药材没有进行系统的种质资源的调查、收集、整理、保存和评价工作，缺乏遗传育种学各项遗传参数、生长发育规律、种子特征、药材质量药效与栽培因素的关系等基础数据的积累，特别具有高整齐度、高产、优质或高抗的新品种还不多，而在药材生产上大规模推广应用的品种更少。因此，亟待从以下 6 个方面开展工作。

（1）培育人工栽培的无良种中药材的新品种　建立在种质评价基础之上，以“选择育种”为主要育种手段，以培育常规品种为主。争取用 3~5 年内完成 90 种左右人工栽培的无良种中药材的新品种选育，每种培育出 1~2 个可以在生产上大规模推广应用的优良品种。

（2）培育可控性更好、抗性更强、品质更优的中药材新品种　选择研究基础好、已选育出新品种的药材；进一步选育创制出可控性更好、抗性更强、品质更优新品种，满足不同中药材产区对不同品种特性的要求。如柴胡、薏苡、青蒿、枸杞、罗汉果等50种中药材。

（3）开展中药材的杂交育种 对于有条件的药材，如丹参、桔梗等药材可以开展杂交育种或杂种优势利用研究。从而提高中药材选育的技术水平，也为深入研究中药材品质性状的杂种优势遗传特点奠定基础。

（4）开展中药材的生物工程育种探索 对于丹参、柴胡、青蒿等次代谢途径研究较为清晰的中药材，可开展性状的分子标记、遗传图谱构建、品质性状遗传定位等的研究，为分子标记辅助选择育种、分子设计育种奠定育种。例如，可利用人工非编码RNA和基因过表达技术，提高药材有效成分的含量；或利用合成生物学技术，移植生物合成途径，创建可高产目标成分的植物新品种。

（5）开展品质性状遗传规律研究 大力开展种质的纯化，为杂交育种、性状遗传学的研究积累一批遗传材料。在此基础上，开展性状遗传规律，特别是争取品质性状遗传规律研究有突破。针对药材的不同用途，开展针对外观品质、有效成分、药效强度等不同层面的品质育种。

（6）建立起符合药品特性的中药材品种选育技术方法和区域基地 建立符合药品特点的中药材新品种鉴定技术体系，建立满足中药材复杂生长特性的新品种选育、区试示范的国家或省级基地。

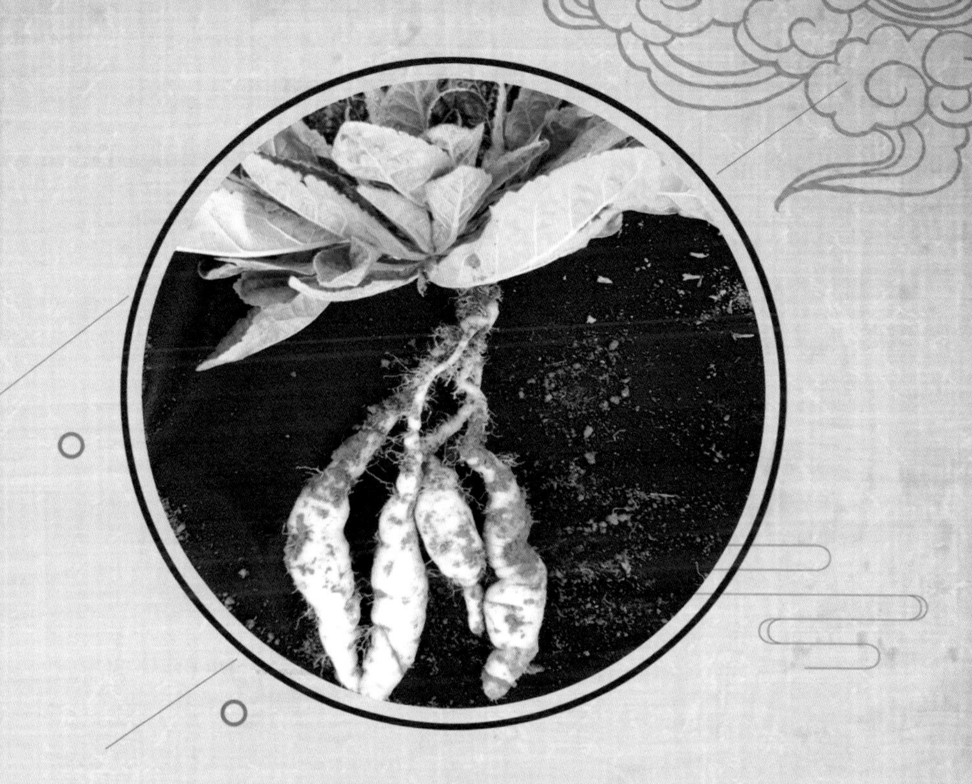

第二部分

各省（区、市）新品种选育情况

一、北京市中药材新品种选育情况

地区：北京

审批部门：北京市种子管理站

中药材品种审批依据归类：北京市非审定农作物品种鉴定办法（试行）

北京市中药材新品种选育现状表

药材名	品种名	选育方法	选育年份	选育编号	选育单位
桔梗	中梗1号	杂交选育	2009	京品鉴药2009001	中国医学科学院药用植物研究所
桔梗	中梗2号	杂交选育	2009	京品鉴药2009002	中国医学科学院药用植物研究所
桔梗	中梗3号	杂交选育	2009	京品鉴药2009003	中国医学科学院药用植物研究所
荆芥	中荆1号	系统选育	2009	京品鉴药2009006.	中国医学科学院药用植物研究所
荆芥	中荆2号	系统选育	2009	京品鉴药2009007	中国医学科学院药用植物研究所
柴胡	中柴1号	集团选育	2009	京品鉴药2009004	中国医学科学院药用植物研究所
柴胡	中柴2号	系统选育	2009	京品鉴药2009004	中国医学科学院药用植物研究所
柴胡	中柴3号	系统选育	2009	京品鉴药2009005	中国医学科学院药用植物研究所
柴胡	中红柴1号	集团选育	2012	京品鉴药2012036	中国医学科学院药用植物研究所
桔梗	中梗白花1号	自交选育	2010	京品鉴药2010024	中国医学科学院药用植物研究所

（续表）

药材名	品种名	选育方法	选育年份	选育编号	选育单位
桔梗	中梗粉花1号	自交选育	2010	京品鉴药2010025	中国医学科学院药用植物研究所
丹参	北丹1号	系统选育	2009	京品鉴药2009008	中国医学科学院药用植物研究所
金荞麦	金荞1号	系统选育	2012	京品鉴药2012021	中国医学科学院药用植物研究所
薏苡	太空1号	太空选育	2012	京品鉴药2012022	中国医学科学院药用植物研究所
丹参	中丹药植1号	杂交选育	2014	京品鉴药2014030	中国医学科学院药用植物研究所
丹参	中丹药植2号	杂交选育	2014	京品鉴药2014031	中国医学科学院药用植物研究所
黄芩	中芩1号	集团选育	2015	京品鉴药2015044	中国医学科学院药用植物研究所
黄芩	中芩2号	集团选育	2015	京品鉴药2015045	中国医学科学院药用植物研究所
黄芩	京芩1号		2013	京品鉴药 2013019	北京中医药大学

1. 桔梗新品种——中梗 1 号

作物种类　桔梗 *Platycodon grandiflorum* (Jacq.) A. Dc.

品种名称　中梗 1 号

品种来源　原始材料来自安徽太和县桔梗产区种植群体，母本 GP1BC1-12-11 雄性不育系，父本 GS107-1-1 自交系。

鉴定编号　京品鉴药 2009001

特征特性　中晚熟，生育期 170d 左右；植株半松散直立形，茎紫绿色，叶卵形、深绿色，叶缘重锯齿状，花深紫色，呈钟状，

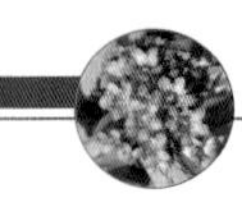

花药部分败育，果棱明显；侧根少，直根率61%左右；抗立枯病；经测定6种桔梗皂苷单体总含量4.6mg/g左右，多糖含量为10.9%左右，粗纤维含量5.0%左右，适用于饮片加工。

栽培技术要点　选土层深厚、疏松、肥沃、排水良好的沙壤土或半沙壤土地种植，以基肥为主；春季播种，行株间距25cm×3.5cm；收获在第二年10月中下旬，地上茎叶枯黄时采挖，挖根除去茎叶泥土，刮净外皮，晒干。

产量表现　1年生亩（1亩≈667m²。下同）产鲜根820kg左右。

适宜区域　适宜在北京地区种植。

选育单位　中国医学科学院药用植物研究

2. 桔梗新品种——中梗2号

作物种类　桔梗 *Platycodon grandiflorum* (Jacq.) A. Dc.

品种名称　中梗2号

品种来源　原始材料来自安徽太和县桔梗产区种植群体，母本GP1BC1-12-11雄性不育系，父本GS109-1-1自交系。

鉴定编号　京品鉴药2009002

特征特性　晚熟，生育期176d左右；植株紧凑直立型，茎紫绿色，叶卵形、绿色，叶缘重锯齿状，花深紫色，呈钟状，花药败育，果棱明显；侧根少，直根率45%左右；抗立枯病；经测定6种桔梗皂苷单体总含量4.8mg/g左右，多糖含量为17.3%左右，粗纤维含量5.5%左右。适用于提取加工。

栽培技术要点　选土层深厚、疏松、肥沃、排水良好的沙壤土或半沙壤土地种植，以基肥为主；春季播种，行株间距25cm×3.5cm；收获在第二年10月中下旬，地上茎叶枯黄时采挖，挖根除去茎叶泥土，刮净外皮，晒干。

产量表现　1年生亩产鲜根1 000kg左右。

适宜区域　适宜在北京地区种植。

选育单位　中国医学科学院药用植物研究

3. 桔梗新品种——中梗3号

作物种类　桔梗 *Platycodon grandiflorum* (Jacq.) A. Dc.

品种名称　中梗3号

品种来源　原始材料母本CP1BC1-12-11雄性不育系来自安徽太和县桔梗产区种植群体.，父本GS266自交系来自河北安国桔梗产区种植群体。

鉴定编号　京品鉴药2009003

特征特性　该品种为利用细胞质雄性不育系选育的桔梗杂种一

代新品种，晚熟，生育期 176 d 左右；植株半松散直立型，茎紫绿色，叶卵形、深绿色，叶缘重锯齿状，花深紫色，呈钟状，花药败育，果棱明显；侧根少，直根率 40%左右；抗立枯病；经测定 6 种桔梗皂苷单体总含量 4.0mg/g 左右，多糖含量为 19.4% 左右；粗纤维含量 5.9% 左右。适用于药用和食用。

栽培技术要点　选土层深厚、疏松、肥沃、排水良好的沙壤土或半沙壤土地种植，以基肥为主；春季播种，行株间距 25cm × 3.5cm；收获在第 2 年 10 月中下旬，地上茎叶枯黄时采挖，挖根除去茎叶泥土，刮净外皮，晒干。

产量表现　1 年生亩产鲜根 1 100kg 左右。

适宜区域　适宜在北京地区种植。

选育单位　中国医学科学院药用植物研究所

4. 荆芥新品种——中荆 1 号

作物种类　荆芥 *Schizonepeta tenuifolin* Briq.

品种名称　中荆 1 号

品种来源　原始材料来自河北安国产区荆芥，单株自交，经 4 代自交纯化选育而成。

鉴定编号　京品鉴药 2009006

特征特性　中熟类型，生育期 110d 左右；株高 130cm 左右，茎较粗；穗型密码型，单株果穗数 55 个左右，顶穗长 20cm 左右，直径 0.10cm 左右；经测定药材总挥发油含量为 1.0mL/100g，其中，胡薄荷酮含量为 0.40%，薄荷酮含量 0.60%；芥穗薄荷酮含量 0.20%，胡薄荷酮含量 1.30%。试验中表现出抗黑胫病。

栽培技术要点　选地势平坦，土质疏松肥沃，排水良好的沙壤土种植。麦收后 6 月中下旬整地播种，整地前施足基肥。播种按行距 30cm 开沟，沟深 1cm 左右，播幅 4~6cm，每亩用种 0.5kg。苗高 10~15cm 时定苗，株距 3~5cm。荆芥在苗期高温多雨，易发生根腐病和立枯病，注意防治。当顶端花尚未落尽时，花序下部有 2/3 已经结籽、果实变黄褐色时，于晴天露水干后，用镰刀从基部割下全株，晾干，即为全荆芥。

产量表现　亩产全草 392kg 左右。

适宜区域　适宜在北京地区种植。

选育单位　中国医学科学院药用植物研究所

5. 荆芥新品种——中荆 2 号

作物种类　荆芥 *Schizonepeta tenuifolin* Briq.

品种名称　中荆 2 号

品种来源 原始材料来自河北安国产区荆芥，单株自交，经4代自交纯化选育而成。

鉴定编号 京品鉴药2009007

特征特性 晚熟类型，生育期120d左右；株高130cm左右，茎较粗；穗型稀码型，主穗复穗，单株果穗数49个左右，顶穗长36cm左右，直径0.18cm左右；经测定药材总挥发油含量为1.0mL/100g，其中，胡薄荷酮含量0.17%，薄荷酮含量0.70%；芥穗胡薄荷酮含量0.77%，薄荷酮含量0.44%。试验中表现出抗黑胫病。

栽培技术要点 选地势平坦，土质疏松肥沃，排水良好的沙壤土种植。麦收后6月中下旬整地播种，整地前施足基肥。播种按行距30cm开沟，沟深1cm左右，播幅4~6cm，每亩用种0.5kg。苗高10~15cm时定苗，株距3~5cm。荆芥在苗期高温多雨，易发生根腐病和立枯病，注意防治。当顶端花尚未落尽时，花序下部有2/3已经结籽，果实变黄褐色时，于晴天露水干后，用镰刀从基部割下全株，晾干，即为全荆芥。

产量表现 亩产全草320kg左右。

适宜区域 适宜在北京地区种植。

选育单位 中国医学科学院药用植物研究所

6. 柴胡新品种——中柴2号

作物种类　柴胡 *Bupleurum chinense* DC.

品种名称　中柴2号

品种来源　原始材料来自北柴胡选育品种“中柴1号”，选择深色根单株，结合根形和产量，采用系统选育方法，经四代自交纯化选育而成。

鉴定编号　京品鉴药2009004

特征特性　在北京地区，该品种表现为生育期180 d左右，属中熟类型；株高80cm左右，株型属半松散型；茎绿色；叶绿色；根深褐色，根长15cm左右，单根重0.4g左右，1年生药材柴胡皂苷（a+d）含量1.3%，亩产干根46.0kg左右。在四川生产试验中，表现出植株矮化、生育期短、皂苷含量高等优势。一般柴胡地方品种生长期要达到3年，“中柴2号”2年就可采收，花期较一般地方品种短10d左右。植株矮化（一般地方品种100~120cm，中柴2号株高50~60cm）。2年生药材柴胡皂苷（a+d）含量1.03%，对照为0.36%。

栽培技术要点　选择土层深厚、疏松肥沃、排水良好的夹沙土或壤土种植。春播或夏末播，按行距20cm横向开浅沟条播，沟深1.5cm，将种子均匀地撒入，覆土1cm，浇水。春播一般需采用保湿措施。花期追施一次氮肥。可当年采挖，当植株枯萎时挖取地下根条，抖去泥土，除去茎叶，晒干。

产量表现　北京地区1年生亩产干根46.0kg左右。

适宜区域　适宜在北京地区种植。

选育单位　中国医学科学院药用植物研究所

7. 柴胡新品种——中柴 3 号

作物种类 柴胡 *Bupleurum chinense* DC.

品种名称 中柴 3 号

品种来源 原始材料来自北柴胡选育品种“中柴 1 号”，选择深色根单株，结合根形和产量，采用系统选育方法，经四代自交纯化选育而成。

鉴定编号 京品鉴药 2009005

特征特性 在北京地区，该品种生育期 175 d 左右；株高 66cm 左右，株型矮化紧凑；茎绿色，光滑无棱；叶浅绿色；根深褐色，主根发达，须根少，根长 16cm 左右，单根重 0.5g 左右，1 年生药材柴胡皂苷（a+d）含量 1.0% 左右。

栽培技术要点 选择土层深厚、疏松肥沃、排水良好的夹砂土或壤土种植。春播或夏末播，按行距 20cm 横向开浅沟条播，沟深 1.5cm，将种子均匀地撒入，覆土 1cm，浇水。春播一般需采用保湿措施。花期追施一次氮肥。可当年采挖，当植株枯萎时挖取地下根条，抖去泥土，除去茎叶，晒干。

产量表现 北京地区 1 年生亩产干根 45.8kg 左右。

适宜区域 适宜在北京地区种植。

选育单位　中国医学科学院药用植物研究所

8. 柴胡新品种——中红柴 1 号

作物种类　柴胡 *Bupleurum chinense* DC.

品种名称　中红柴 1 号

品种来源　原始材料来自黑龙江野生狭叶柴胡，利用集团选育法选育而成。

鉴定编号　京品鉴药 2012036

特征特性　该品种为二年生，北京地区第一年播种，次年 4 月末开始抽茎、开花，6 月初进入盛花期，8 月末果实成熟；株高 90cm 左右，株型略紧凑；茎基部密覆叶柄残余纤维，成毛刷状；叶片较窄；根红棕色，质地较软，具有浓郁的香味，根长 16cm 左右，单根重 0.8g 左右，2 年生药材挥发油含量 0.99mL/kg，是对照"中柴 2 号"的 6 倍多，柴胡皂苷含量 0.03% 左右，不足对照"中柴 2 号"十分之一。

栽培技术要点　选择土层深厚、疏松肥沃、排水良好的夹砂土或壤土种植。春播或夏末播，按行距 25cm 横向开浅沟条播，沟深 2~3cm，将种子均匀地撒入，覆土 1cm，浇水。春播一般需采用保湿措施。花期追施一次氮肥。次年植株返青后即开始抽茎生长。结合灌水追肥每亩施 30~50kg N、P、K 肥，比例为 1 ∶ 2 ∶ 2。秋冬季当植株枯萎时挖取地下根条，抖去泥土，除去茎叶，晒干。

产量表现 北京地区 2 年生亩产干根 62.5kg 左右。

适宜区域 适宜在北京地区种植。

选育单位 中国医学科学院药用植物研究所

9. 桔梗新品种——中梗白花 1 号

作物种类 桔梗 *Platycodon grandiflorum* (Jacq.) A. Dc

品种名称 中梗白花 1 号

品种来源 原始材料来自河北安国的 GSNH2-W3 桔梗群体，选择优良白花单株，自交纯化选育而成。

鉴定编号 京品鉴药 2010024

特征特性 北京地区该品种生育期约 170d，花期 70 d 左右，属晚熟品种；植株半直立型；主根长圆锥形，侧根多，1 年生根皮白色略黄，2 年生根皮白色间紫；茎绿色，节间短且节多；花为白色，果实近球形有明显果棱，种子棕色。北京地区 1 年生株高平均 30cm，2 年生株高平均 88cm；1 年生平均单根鲜、干重分别为 7.9g 和 1.6g，平均根长 27cm，2 年生平均单根鲜、干重分别为 20.0g 和 3.7g，平均根长 26cm；经测定 1 年生根多糖含量 24.6%，纤维素含量 5.7%，2 年生根多糖含量 23.5%，纤维素含量 8.8%，总皂苷含量 3.3%，桔梗皂苷 D 含量 0.13%。大田调查较抗立枯病。适于药用和观赏栽培。

栽培技术要点　选土层深厚、疏松、肥沃、排水良好的夹砂土地种植。种子春播，行距 25cm 左右，开 3cm 深的小沟播种覆土，上覆稻草等或不覆盖。一般施用有机肥，分别在苗齐后、花期前及入冬前施入。按常规方法防治地老虎、蛴螬、金针虫等地下害虫。2 年生收获，于 10 月中下旬地上茎叶枯黄时采挖，挖根除去茎叶泥土，刮净外皮，晒干。

产量表现　北京地区 1 年生亩产鲜根、干根分别为 1 519kg 和 304kg 左右，2 年生亩产鲜根、干根分别为 1 406kg 和 265kg 左右。

适宜区域　适宜在北京地区种植。

选育单位　中国医学科学院药用植物研究所

10. 桔梗新品种——中梗粉花 1 号

作物种类　桔梗 *Platycodon grandiflorum* (Jacq.) A. Dc

品种名称　中梗粉花 1 号

品种来源　原始材料来自河北安国的 GS266 桔梗群体，选择优良粉花单株，自交纯化选育而成。

鉴定编号 京品鉴药 2010025

特征特性 北京地区该品种生育期约 170d，花期 70 d 左右，属晚熟品种；植株直立型；主根长圆锥形，侧根少，1 年生根皮白色略黄，2 年生根皮白色多间紫；茎紫绿色，树状分枝，分枝多且细，节间短且节多；花为粉色，果实短锥形无明显果棱，种子黑褐色。北京地区 1 年生株高平均 28cm，2 年生株高平均 73cm；1 年生平均单根鲜、干重分别为 5.2g 和 1.3g，平均根长 27cm，2 年生平均单根鲜、干重分别为 17.2g 和 4.5g，平均根长 26cm；经测定 1 年生根多糖含量 32.0%，纤维素含量 5.2%，2 年生根多糖含量 25.3%，纤维素含量 6.5%，总皂苷含量 2.1%，桔梗皂苷 D 含量 0.07%。大田调查较抗立枯病。该品种适于药用和观赏栽培。

栽培技术要点 选择土层深厚、疏松肥沃、排水良好的夹砂土或壤土种植。春播或夏末播，按行距 25cm 横向开浅沟条播，沟深 2~3cm，将种子均匀地撒入，覆土 1cm，浇水。春播一般需采用保湿措施。花期追施一次氮肥。次年植株返青后即开始抽茎生长。结合灌水追肥每亩施 30~50kg N、P、K 肥，比例为 1 ∶ 2 ∶ 2。秋冬季当植株枯萎时挖取地下根条，抖去泥土，除去茎叶，晒干。

产量表现 北京地区 1 年生亩产鲜根、干根分别为 1 143kg 和 286kg 左右，2 年生亩产鲜根、干根 1358kg 和 352kg 左右。

适宜区域 适宜在北京地区种植。

选育单位 中国医学科学院药用植物研究所

11. 丹参新品种——北丹1号

作物种类 丹参 *Salvia miltiorrhiza* Bunge.

品种名称 丹参1号

品种来源 原始材料来自河北产地栽培群体。

鉴定编号 京品鉴药2009008

特征特性 该品种特征明显，表现为叶缘齿深裂卷曲、叶表皱褶明显、叶色深。春萌芽时芽为紫色。花紫色、色深。根系发达，根紫红，较细，木质化程度较高。丹参酮ⅡA的含量较高。分根繁殖时萌芽能力较强，出苗整齐，出苗率较高。

栽培技术要点 选地势平坦，土质疏松肥沃，排水良好的砂壤土或壤土，中性偏碱性（pH值6~8）的地块种植；分根繁殖。选根直径不小于0.5cm的根作为繁殖材料，在栽种前，切成长度不小于4cm的根段作为种栽。每年的4月上中旬栽种。土壤整地、种植密度、肥水管理等田间管理与普通丹参栽培方法相同。

产量表现 1年生亩产干根280kg左右。

适宜区域 北京市山区和平原地区。

选育单位 中国医学科学院药用植物研究所

12. 金荞麦新品种——金荞 1 号

作物种类 金荞麦 *Fagopyrum dibotrys* (D.Don) Hara.

品种名称 金荞 1 号

品种来源 原始材料来自江苏地方金荞麦品种经 60Co-γ 射线辐照后单株系统选育而成。。

鉴定编号 京品鉴药 2012021

特征特性 多年生草本。根繁苗生育期 200~210d（4 月初至 11 月初）；扦插苗生育期 140~150d（7 月初至 11 月初）。幼苗叶片背面为紫红色。株高 180~220cm，常具有块状根茎。根繁植株一级分枝数在 15~30。枝插植株一级分枝数在 5~15。茎中空，叶呈心形。幼苗期叶片及生长期新生叶背面紫红色，叶面积平均在 56.5~99.2cm^2。10 月中下旬，北京地区不能结实。品质优良，药效成分含量显著高于对照品种。根茎中表儿茶素含量达 0.098%，高于绿茎对照（0.0622%）。抗旱性强，3 年试验中没有发生病虫害。

栽培技术要点 ①整地作畦：春季整地，耕翻 1~2 次，耕深 30~60cm，以不翻出生土为原则。结合耕翻每亩施入底肥纯氮 15kg/ 亩、P_2O_5 20kg/ 亩、K_2O 30kg/ 亩。然后耙细、整平、按行距 60cm 打埂，埂高 45cm。②繁殖方法：根茎繁殖的在春季（3 月下旬或 4 月上旬）进行，以根茎幼嫩部分做繁殖材料选取健康根茎切成小段，35~50g 的根茎作种。行距为 50~60cm，株距为 40~50cm，栽培深度为 10~15cm，覆土压实。扦插繁殖在 7 月中旬进行，剪取组织充实的枝条，长 15~20cm，具节 2~3 个，行株距 40cm × 20cm。用硬器斜插 15° 打孔 10~15cm 深、插条 2/3 插入土中后覆土压实。扦插成活后在苗高 50~60cm 时进行 1 次追肥，也可在开花前追肥，每亩用有机肥 15~20kg。③田间管理：在苗期要勤除杂草，松土 2~3 次。雨季注意排水，“金荞 1 号”在试验和栽培生产中还未发现明显病虫害。在 11 月初地上部分枯萎后采收，受时限割去茎叶，将根刨出，去净泥土晒干。扦插繁殖的根茎可作为繁殖材料，冬季贮藏方法可在背阴处挖坑贮藏越冬。④干燥方法：晒干、阴干、50℃内烤干均可，干燥时温度不宜过高，如果温度高于 50℃时，对药材的质量会有明显影响。

产量表现 2008—2010 年北京地区区试平均根茎亩产干重可达 452kg。

适宜区域 北京地区种植。

选育单位 中国医学科学院药用植物研究所

13. 薏苡新品种——太空 1 号

作物种类 薏苡 *Coix lacrymajobi* L.var. mayuen. (Roman.) Stapf

品种名称 太空 1 号

品种来源 原始材料来自河北安国地方薏苡品种经搭载“实践八号”返回式卫星后选育而成。

鉴定编号 京品鉴药 2012022

特征特性 北方旱田早熟型，生育期 135~145d。株高 2.0~2.15m，茎秆直立丛生，根系发达，根毛密，幼苗紫红色，成株期叶绿色，茎节呈紫色，分蘖 10~12 个，主茎节数 10~12。果实为颖果，外包软骨质总苞，总苞卵形，长 8.2~13.2mm，宽 5.0~7.0mm，表面灰褐色，多数有浅纵沟以及黑褐色纵行斑纹。前端尖，顶口斜形，基部钝圆，具一圆孔，孔缘白色，含颖果 1 枚。颖果卵圆形，表面浅棕色或棕色，顶端具一暗棕色宿存花柱（或断落），基部微凹，具一白色圆形果脐，后侧围以一暗棕色肾形斑；背面隆起，腹面中央具一浅纵沟。胚乳白色，硬粉质。胚淡黄色，含油分。品质优良，营养成分和药效成分含量均高于对照品种。抗逆性强，3 年试验中没有发生病虫害。

栽培技术要点 ①播期：4 月 27 日至 5 月 10 日，直播，每穴 3~5 粒种子；出苗后 30 天，具有 5~6 片真叶，苗高 10cm 左右时定植，每穴保留 2 株壮苗。②种植密度：株距 × 行距为 60cm × 80cm，2 700 株 / 亩。土地条件以选择向阳、排灌方便的沙壤土为好，忌连作，前茬以豆科作物、棉花、薯类等为宜。“太空 1 号”薏苡整地施肥时，最佳施氮（N）、施磷（P_2O_5）和施钾（K_2O）肥的用量分别为 14.3kg/ 亩、33.6kg/ 亩、13.0kg/ 亩。③施肥方法和时间：2/5 的氮肥和全部磷肥、钾肥作为底肥一次性施入，剩下的氮肥在拔节期作为追肥施入。深耕细耙，整平，作垄。种子繁殖，大田直播。④肥水管理：中耕除草分 3 次进行。第一次在苗高 5~10cm 时浅锄；第二次在苗高 20cm 时进行；第三次在苗高 30cm 时，进行培土。排灌，可于苗期、开花期、抽穗期和灌浆期应注意保持土壤湿润，干旱要在傍晚时浇水，雨后要排除畦沟积水。摘除脚叶应于拔节后，摘除第一分枝以下的老叶和无效分蘖，以利通风透光。本品种是一抗病品种，无须采取病虫害防治措施。在 9 月 20 日左右收获，当种子成熟度达 80%时即可收获。选晴天收获后放置 3~4d 可使未成熟种子充分成熟，易于脱粒。

产量表现 试验平均亩产薏苡 306kg。

适宜区域 北京地区种植。

选育单位 中国医学科学院药用植物研究所

14. 丹参新品种——中丹药植 1 号

作物种类　丹参 *Salvia miltiorrhiza* Bunge.

品种名称　中丹药植 1 号

品种类型　杂交种

品种来源　原始材料母本 DPT101-4-2 雄性不育系来自山东库山，父本 DT807-5-1 自交系来自陕西商洛丹参产区种植群体。

鉴定编号　京品鉴药 2014030

特征特性　该品种为利用细胞质雄性不育系选育的丹参杂种一代新品种，生育期 210d，植株直立型，株高 87cm 左右，冠幅 76cm 左右；根数 28 条左右，根型为中粗分根型；宽披针形叶，绿色，叶尖端渐尖，叶缘皱波状、紫色，复叶的小叶数为 3、5、7、9；茎绿色，茎数 6 个左右，最大茎粗 0.73cm 左右；花深紫，雄

蕊可育。丹参酮ⅡA和丹酚酸B含量均达到中国药典标准。适宜在北京地区种植。

栽培技术要点 要求土层深厚、疏松、肥沃、排水良好的黄壤土和壤土地种植。种子于6月底育苗，加遮阳网，9月至翌年4月前均可移栽，起垄种植，垄间距60cm，垄高20cm，株距20~25cm。基肥以有机肥为主，追施复合肥分别于翌年出苗后、果期施入。按常规方法防治地老虎、蛴螬、金针虫等地下害虫。11月中下旬地上茎叶枯黄时采挖，挖根除去茎叶泥土，阴干。

产量表现 单根干重66g左右。亩产干根330kg左右。

适宜区域 适宜北京地区种植。

选育单位 中国医学科学院药用植物研究所

15. 丹参新品种——中丹药植2号

作物种类 丹参 *Salvia miltiorrhiza* Bunge.

品种名称 中丹药植2号

品种类型 杂交种

品种来源 原始材料母本DPT101-4-2雄性不育系来自山东库山，

父本 DT804–17–1 自交系来自陕西商洛丹参产区种植群体。

鉴定编号 京品鉴药 2014031

特征特性 该品种为利用细胞质雄性不育系选育的丹参杂种一代新品种，生育期 210d，植株半直立型，株高 78cm 左右，冠幅 72cm 左右，根数 30 条左右，根型为中粗分根型；宽披针形叶，绿色，叶尖端渐尖，叶缘皱波状、绿色，复叶的小叶数为 3、5、7；茎绿色，茎数 6 个左右，最大茎粗 0.65cm 左右；花深紫，雄蕊可育。丹参酮Ⅱ A 和丹酚酸 B 含量均达到中国药典标准。

栽培技术要点 要求土层深厚、疏松、肥沃、排水良好的黄壤土和壤土地种植。种子于 6 月底育苗，加遮阳网，9 月至第 2 年 4 月前均可移栽，起垄种植，垄间距 60cm，垄高 20cm，株距 20~25cm。基肥以有机肥为主，追施复合肥分别于第 2 年出苗后、果期施入。按常规方法防治地老虎、蛴螬、金针虫等地下害虫。11 月中下旬地上茎叶枯黄时采挖，挖根除去茎叶泥土，阴干。

产量表现 单根干重 64g 左右。亩产干根 318kg 左右。

适宜区域 适宜北京地区种植。

选育单位 中国医学科学院药用植物研究所

16. 黄芩新品种——中芩1号

作物种类 黄芩 *Scutellaria baicalensis* Georgi

品种名称 中芩1号

品种类型 常规种

品种来源 原始材料来自河北承德农家种。

鉴定编号 京品鉴药2015044

特征特性 该品种7月中旬开花，为晚熟类型，生育期较长；花蓝紫色，叶浅绿色、披针形、交互对生，茎绿色、呈细钝四棱形，茎叶疏毛较光滑，植株高、呈半直立株型，根为分根型、侧根少、平均根头直径约2.5cm、平均根条粗约1.2cm。地上部整齐，2年生平均株高约81.5cm，3年生平均株高约107.1cm；抗性强品种，地下根部黄芩苷含量可高达17.6%，总黄酮含量可高达23.5%。

栽培技术要点 ①合理选地：宜选光照充足，土层深厚，排水良好，肥沃的中性和微碱性土壤或沙质土壤环境，黄芩为深根植物，适宜深耕细耙，整平做畦；②适期播种：适宜夏末育苗移栽或夏初扦插移栽等繁殖方式；③及时间苗、定苗：株距20~30cm，行距40~50cm；④科学施肥：每亩施2 000~5 000kg农家肥，加一定量的过磷酸钙（每亩约50kg），在缺钾地区还需增施一定量的硫酸钾（每亩约20kg），旱地还应及时蓄水保墒；⑤适期收获：10月下旬至翌年3月上旬采挖根部药材，除去茎叶泥土，阴干。

产量表现 在2014—2015年的示范生产中，中芩1号2年生药材平均亩产干根约168.3kg，超出对照品种19.8%~56%，3年生药材平均亩产干根约313kg，超出对照品种54.3%~83%。

适宜区域 适宜北京地区种植。

引种单位 中国医学科学院药用植物研究所

17. 黄芩新品种——中芩 2 号

作物种类　黄芩 *Scutellaria baicalensis* Georgi

品种名称　中芩 2 号

品种类型　常规种

品种来源　原始材料来自山东蒙阴农家种。

鉴定编号　京品鉴药 2014045

特征特性　该品种为 6 月下旬开花，为中熟类型；花蓝色，叶绿色、宽长，呈披针形、尖端较尖、交互对生，茎浅绿色，呈钝四棱形，茎叶均密披细长毛，植株高、直立型，根为分根型，侧根较多，粗细均匀，平均根头直径约 2.4cm，平均根条粗约 1.0cm，整齐度较好，三年生平均株高约 87.2cm，抗倒伏能力强，地下根部黄芩苷含量可高达 16.9%，总黄酮含量高达 26.2%。

栽培技术要点　①合理选地：宜选光照充足，土层深厚，排水良好，肥沃的中性和微碱性土壤或沙质土壤环境，黄芩为深根植物，适宜深耕细耙，整平做畦；②适期播种：适宜夏末育苗移栽或夏初扦插移栽等繁殖方式；③及时间苗、定苗：株距 20~30cm，行距 40~50cm；④科学施肥：每亩施 2 000~5 000kg 农家肥，加一定量的过磷酸钙（每亩约 50kg），在缺钾地区还需增施一定量的硫酸钾（每亩约 20kg），旱地还应及时蓄水保墒；⑤适期收获：10

月下旬至翌年3月上旬采挖根部药材，除去茎叶泥土，阴干。

产量表现 2年生药材平均亩产约157.5kg，超出对照品种12.9%~60.7%，3年生药材平均亩产干根约305kg，超出对照品种29.7%~83.66%。

适宜区域 适宜北京地区种植。

引种单位 中国医学科学院药用植物研究所

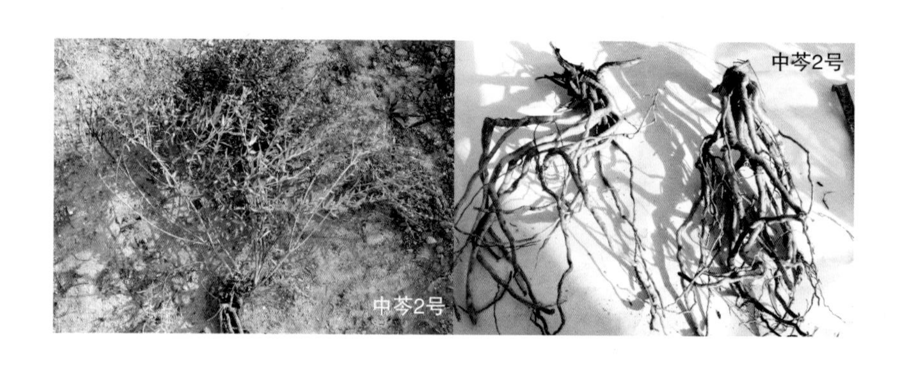

18. 黄芩新品种——京芩1号

作物种类 黄芩 *Scutellaria baicalensis* Georgi

品种名称 京芩1号

品种类型 常规种

品种来源 系统选育。

鉴定编号 京品鉴药2013019

特征特性 京芩1号属晚花品种，始花期7月下旬，盛花期8月上旬，种子成熟初期8月下旬；植株直立，生长势强，株高90cm左右，主茎粗壮，近地茎粗7mm左右，主茎分枝少，分枝与主茎夹角小；茎叶淡绿色；叶片夹角30°~45°，叶片披针形，叶形指数4.22；花淡紫色。3年生植株，单株根干重20g左右；芦头下2cm处直径16mm左右，芦头下10cm处直径12mm左右。经测定药材黄芩苷含量15.82%，达到《中华人民共和国药典》标准；抗倒伏能力强。

栽培技术要点　本品种宜在土层深厚、疏松，排水良好的沙质壤土地种植。干旱时有水浇条件最佳。可育苗移栽或直播。采用育苗移栽技术时，育苗田于4月底每亩施入农家肥3 000kg。5月初或雨季播种，可采用撒播或条播方式，每亩播种量为7~9kg。直播时，按行距30cm进行直播，每亩播种量为0.5~2kg。生育期内注意除草。育苗需在第2年4月上旬进行大田移栽，移栽前进行深翻，移栽密度一般为行距30cm，株距10~15cm。施肥时基肥以农家肥或复合肥为主，生育期内可适量追施氮肥或微量元素肥。移栽两年后，待地上部枯萎后除去地上部进行收获，去净泥土，晒干，分级贮藏。

产量表现　一般3年生亩产300kg左右。

适宜区域　本品种适合北京温带季风气候区。

选育单位　北京中医药大学

二、山西省中药材新品种选育情况

地区：山西

审批部门：山西省种子管理站

中药材品种审批依据归类：山西省非审定农作物品种鉴定办法

山西省中药材新品种选育现状表

药材名	品种名	选育方法	选育年份	选育编号	选育单位
山药	晋山药1号	化学诱变	2014	2014（R）-50	山西省农业科学院经济作物研究所
远志	晋远1号	系统选育	2012	晋审远志（认）2012001	山西省农业科学院经济作物研究所
远志	晋远2号	系统选育	2015	晋审远志（认）2015001	山西省农业科学院经济作物研究所

1. 山药新品种——晋山药 1 号

作物种类　山药 *Dioscoreae rhizoma*

品种名称　晋山药 1 号

品种来源　原始材料来自引进的细毛山药进行甲基磺酸乙酯连续处理两年后，从其后代中选育而成。

鉴定编号　2014（R）-50

特征特性　汾 SY06-18，生育期 155~165d，田间生长整齐一致，地上茎蔓长 2.5m 以上，蔓色紫红带绿，分枝数 2~5 个；叶片戟形对生，长势较强，叶色深绿；花乳白色，不结果；结零余子；

茎圆形，紫色，有时带绿条纹，茎蔓粗壮，长 2~4m；栽子长为 15~30cm，褐色。根茎为长圆形，粗细匀称且根毛少，皮土黄带紫色，长 40cm 以上，两头较细，中粗，直径 3.5~6.5cm，单株重 0.5~1.5kg；断面纯白色，致密，品质优，口感细腻绵甜，商品性好。叶腋间着生零余子较少，山药豆多为长圆柱状，亩产 1 500kg 以上，适应性强。鲜山药多糖含量 10% 以上，蛋白质含量 2% 以上，脂肪约为零。

栽培技术要点 ① 选土层深厚、疏松、肥沃、排水良好的沙壤土或半沙壤土地种植。② 适时播种：播种过早发芽时间过长易使苗感病，播种过晚，芽子太大，播种困难且晚收，一般在 4 月上中旬播种。③ 种植密度：一般每亩栽植 4 000~5 000 株，肥沃地块可密些，瘠贫地块要稀。④ 病虫防治：山药虫害较少一般无需防止，病害主要是褐斑病、腐烂病，连茬地应在播前用百菌灵进行土壤处理。⑤ 适时收获：因山药价格变化而定，但必须在地冻前收完。

产量表现 “晋山药 1 号”两年分别比对照亩增产 16.0%、14.3%。

适宜区域 适宜山西省及华北地区种植。

选育单位 山西省农业科学院经济作物研究所

2. 远志新品种——晋远 1 号

作物种类 远志 *Polygala tenuifolia* Willd.

鉴定编号 晋审远志（认）2012001

品种名称 晋远 1 号

品种来源 原始材料来自吕梁山野生种中选得的变异优良单株，采用系统选育法选育而成。

特征特性 生长时期 2.5 年，根系圆柱形、粗壮，深黄色，具少数侧根；生长势强，株型整齐，株高 35~45cm，上部多分枝，分枝数 7~8 个，直立或斜上，丛生；茎秆绿色，叶色鲜绿互生，线形，全缘，无柄或近无柄；长 1~3cm，宽 0.5~1mm；花淡蓝紫色，萼片两轮，外轮 3 片小，内轮 2 片花瓣状，花瓣 3，龙骨瓣背面顶部有鸡冠状附属体，两侧花瓣椭圆形，近基部 1/3 与雄蕊鞘贴生。雄蕊 8，花丝 2/3 以下合生成鞘。花药无柄，硕果近倒心形，边缘有狭翅，无毛，种子 2，卵形，微扁，棕黑色，密被白色绒毛。花期在 5—7 月，果期在 7—8 月，千粒重在 3.1~3.4g，单株产种子 1.066g。抗涝、抗旱、综合适应性，抗病性强；生产试验平均亩产鲜根 423.6kg 左右；经测定远志皂苷元含量 1.499%，可溶性糖类含量 16.696%。

栽培技术要点 选择地势高的砂质壤土田，一次性施足底肥，趁雨季播种。合理加大播种量（3~4kg/ 亩）；控制 N、P、K 施肥量；加强花期水肥管理，选用生物制剂对病虫害进行防控。远志产区 2.5 年生收获，于 11 月中下旬地上茎叶枯黄时采挖，挖根除去茎叶泥土，去除木芯，抽筒。

产量表现　连续两年生产试验“晋远 1 号”产量分别比对照高出 23.4%、23.7%。

适宜区域　适宜山西省晋南、晋中及同纬度地区播种。

选育单位　山西省农业科学院经济作物研究所

3. 远志新品种——晋远 2 号

作物种类　远志 *Polygala tenuifolia* Willd.

鉴定编号　晋审远志（认）2015001

品种名称　晋远 2 号

品种来源　原始材料来自洪洞远志农家种选择优异单株，采用系统选育法选育而成。

特征特性　生育期 2.5 年，根系圆柱形、粗壮，黄白色，侧根较多；分根位置距离芦头 2~7cm，分根数 5~8 个，生长势强，株型直立，株高 25~35cm，上部多分枝，分枝数 7~8 个，丛生；茎秆绿色，叶色鲜绿互生，线形，全缘，无柄或近无柄；长 1~3cm，宽 0.4~0.9mm；花淡蓝紫色，萼片两轮，外轮 3 片小，内轮 2 片花瓣状，花瓣 3，龙骨瓣背面顶部有鸡冠状附属体，两侧花瓣椭圆形，近基部 1/3 与雄蕊鞘贴生。雄蕊 8，花丝 2/3 以下合生成鞘。花药无柄，硕果近倒心形，边缘有狭翅，无毛，种子 2，卵形，微扁，灰黑色，密被白色绒毛。花果集中于植株顶部。花期 5—8 月，果期 7—8 月，千粒重 2.9~3.1g，单株种子均产 1.74g。综合适应性、抗涝、抗旱、抗病性较强、产量高。生产试验平均亩产鲜根 480.8kg 左右；经测定口山酮Ⅲ含量 0.23%，3，6- 二芥子蔗糖含量 0.96%，远志皂苷含量 2.92%。

栽培技术要点　选择地势高的砂质壤土田，一次性施足底肥，趁雨季播种。合理加大播种量（4~5kg/ 亩）；控制 N、P、K 施肥量；加强花期水肥管理，选用生物制剂对病虫害进行防控。远志产区 2.5 年生收获，于 11 月中下旬地上茎叶枯黄时采挖，挖根除去茎叶泥土，去除木芯，抽筒。

产量表现 连续两年生产试验“晋远 2 号”产量分别比对照高出 14.3%、13.5%。

适宜区域 适于山西省远志产区种植。

选育单位 山西省农业科学院经济作物研究所

三、湖北省中药材新品种选育情况

地区：湖北

审批部门：湖北省种子管理站

中药材品种审批依据归类：湖北省非主要农作物品种认定办法

湖北省中药材新品种选育现状表

药材名	品种名	选育方法	选育年份	选育编号	选育单位
竹节参	鄂竹节参1号	系统选育	2006	鄂审药2006001	湖北省农业科学院中药材研究所
玄参	恩玄参1号	系统选育	2008	鄂审药2008001	恩施硒都科技园有限公司
半夏	鄂半夏2号	系统选育	2010	鄂审药2010001	湖北省农业科学院中药材研究所、湖北省来凤县华丰药业有限责任公司
当归	窑归1号	单株选育	2013	鄂审药2013001	恩施济源药业科技开发有限公司、湖北省农业科学院中药材研究所

1. 竹节参新品种——鄂竹节参 1 号

作物种类 竹节参 *Panax japonicus* Rhizoma

品种名称 鄂竹节参 1 号

品种来源 原始材料来自人工驯化栽培的大量野生竹节参资源，选育而成。

鉴定情况 通过湖北省农作物品种审定委员会审定

鉴定编号 鄂审药 2006001

特征特性 多年生草本，平均株高 73cm，茎直立，平滑，茎粗 5.2mm，掌状复叶 4~5 片，每片复叶有小叶 5.4 片，叶形为卵圆形，边缘有锯齿，伞状花序单一，顶生，或有少数分枝；花瓣 5，淡黄绿色；雄蕊 5；子房下位，以 3 室居多，花柱 2，核果浆果状，球形，成熟时呈半紫半红色。花期 5 — 6 月，果期 7 — 8 月。根状茎横卧呈竹鞭状，结节膨大，节间较短，每节有一浅环形茎痕，肉质根为短圆锥形。

产量表现 鄂竹节参 1 号平均亩产 138.2kg，比对照增产 15.1%。折干率为 32%。经农业农村部食品质量监督检验测试中心检测：竹节参干品含蛋白质 10.33%，总皂苷 23.89%，粗皂苷元 10.05%，精制皂苷元 8.81%，齐墩果酸 8.76%。药材品质符合《中华人民共和国药典》的规定。

适宜区域 适于湖北省恩施州海拔 1 400m 以上地区种植。

选育单位 湖北省农业科学院中药材研究所

2. 玄参新品种——鄂玄参 1 号

作物种类 玄参 *Scrophularia ningpoensis* Hemsl

品种名称 鄂玄参 1 号

品种来源 原始材料来自恩施土家族苗族自治州地方玄参群体，系统选育而成。

鉴定情况 通过湖北省农作物品种审定委员会审定

鉴定编号 鄂审药 2008001

特征特性 植株直立四棱形，叶对生，平均分枝 5.5 个，平均株高 168.2cm，茎基粗 1.6cm；最大叶长 12cm，宽 10.5cm，每株子芽 6~10 个，块根 6~8 个，单株鲜块根重量 380~410g，鲜块根折干率 24% 左右。叶斑病花前 1~2 级，花期 2~3 级。子芽越冬的最低温度 2℃，气温 15~18℃生长迅速。在恩施州海拔 1 400m 左右的地区栽培，3 月中旬出苗，11 月上中旬茎叶开始枯萎，从出苗至成熟 230d 左右。

产量表现 经湖北省中药标准化工程研究中心检测，哈巴俄苷含量 0.07518%，符合《中华人民共和国药典》玄参项下 0.05% 的标准。2006—2007 两年品比试验，平均亩产干药材 436.5kg。比对照（原始群体）增产 20.3%。

适宜区域　适宜湖北省恩施州海拔 1 000~1 600m 的地区种植。

选育单位　恩施硒都科技园有限公司

3. 半夏新品种——鄂半夏 2 号

作物种类　半夏 *Pinellia ternata*

品种名称　鄂半夏 2 号

品种来源　原始材料来自来凤县野生半夏品种，系统选育而成。

鉴定情况　通过湖北省农作物品种审定委员会审定

鉴定编号　鄂审药 2010001

特征特性　块茎近球形，叶为三出复叶，中间一片较大，长椭圆形。幼苗叶色浓绿，叶柄下部有 1 棕色珠芽。肉穗花序顶生，佛焰苞绿色，花单性，花序轴下着生雌花，无花被，有雌蕊 20~70 个，花柱短，雌雄同株。浆果卵形，成熟时红色，种子为椭圆形，灰白色。品比试验中株高 9.35cm，叶柄长 23.6cm，叶柄粗 0.33cm，3 出复叶，小叶长椭圆形，中间一片小叶最大，长 12.9cm，宽 4.4cm，长宽比为 2.9。

产量表现　经农业农村部食品质量监督检验测试中心（武汉）检测出 17 种氨基酸，总含量 16.6g/L；经湖北省中药标准化工程技术研究中心检测其总生物碱含量为 1.31g/L。两季试验平均亩产

490kg，比来风地方种增产 24.05%。其中，春夏季亩产 291kg，比来风地方种增产 20.75%，增产极显著；夏秋季亩产 199kg，比来风地方种增产 29.22%，增产显著。

适宜区域　适于湖北省恩施州海拔 400~1 600m 地区种植。

选育单位　湖北省农业科学院中药材研究所、湖北省来凤县华丰药业有限责任公司

4. 当归新品种——窑归 1 号

作物种类　当归 *Angelica sinensis*

品种名称　窑归 1 号

品种来源　原始材料来自恩施石窑地方种质资源的实生苗后代经单株选育而成。

鉴定情况　通过湖北省农作物品种审定委员会审定

鉴定编号　鄂审药 2013001

特征特性　植株半开张，生长势较强，开花期株高 130cm 左右，开展幅 57cm 左右，茎秆紫红色。成药期叶柄绿色，基生叶为 2~3 回奇数羽状复叶；根系黄白色，根形多独根形，分枝较少，主根长 30cm 左右，芦头茎粗 3cm 左右，一级品率较高，商品性较好。对根腐病的抗（耐）性一般。

产量表现　经湖北省食品药品监督检验研究院测定，挥发油含量 0.5%，阿魏酸含量 0.067%，符合《中华人民共和国药典》规定的当归质量标准。2008—2012 年在恩施、建始、鹤峰等地试验，试种，亩产干当归 190kg 左右。

适宜区域　适于湖北省恩施州海拔 1 500~1 800m 的冷凉地区种植。

选育单位　恩施济源药业科技开发有限公司、湖北省农业科学院中药材研究所

四、广东省中药材新品种选育情况

广东省中药材新品种选育现状表

药材名	品种名	选育方法	选育年份	选育编号	选育单位
阳春	春选1号	杂交育种	2006	鄂审药 2006001	广州中医药大学
阳春砂	长果2号	系统选育	2008	鄂审药 2008001	广州中医药大学

1. 阳春砂新品种——春选 1 号

作物种类 阳春砂 *Fructus Amomi* Villosi

品种名称 春选 1 号

品种来源 原始材料来自阳春砂农家栽培类型“长果 2 号”（来源于广东省阳春市春湾镇区垌村干坑）为母本、海南砂（来源于中国科学院华南植物研究所）为父本进行杂交而成。

特征特性 叶缘形态平展，叶舌顶端短钝，叶舌顶端棕绿色，退化雄蕊遗迹红斑大而显著，果实长圆球形，毛刺粗短，鲜果紫褐色，果实香气浓而特异，味微甜、稍苦涩，盛花期 5 月 20—30 日，果实成熟期 8 月 15—22 日，自然结实率 38%，比母本人工授粉结实率高 70%，结果生长周期 2 年，比母本提前一年。种子团挥发油含量 3.80%（mL/g）高于母本 3.53%（mL/g），乙酸龙脑酯含量 9.56mg/g 与母本 9.47mg/g 接近。

栽培技术要点 适合种植于北回归线以南，海拔 500m 以下

地区。应选择山坡向东南，背西北的山坑或山窝地。坑中有水流通过，谷底宽20~30m，坡度在30°以下，有杂树做荫蔽树，表土有机质丰富、肥沃，底土为保水保肥力强的黄土者为佳。若周围群山环抱，地形错综复杂，则坡向也可不大讲究。在平原和丘陵区，也可种植砂仁，但要注意选择较为低平的地块，要有浇灌的水源等条件。春、秋两季皆可栽种。每亩种1 500株以上，即株行距60cm×60cm。种时按株行距开长三角形的穴，深15cm，长30cm。种苗要剪去过长的根，放于穴中，复土3~5cm，压实头部。一般施用复合肥、有机肥，1年2次，不可过多；进入周期性开花结果的砂仁群体，每年应施肥4次（分别于2月、4月、6月、8月施肥）。需要防治叶斑病、炭疽病、果腐病、黄潜蝇、鼠害等。第3年及之后每年春夏时期采果，焙干。

产量表现 “春选1号”在自然授粉条件下鲜果产量约为60kg/亩，与其母本人工授粉条件下亩产量相当。

适宜区域 广东省阳春市及周边地区。

选育单位 广州中医药大学

2. 阳春砂新品种——长果2号

作物种类 阳春砂 *Fructus Amomi* Villosi

品种名称　长果 2 号

品种来源　原始材料来自阳春市不同种质类型的阳春砂农家栽培品种，并从植物抗性、授粉情况、化学成分及砂仁药材单产量等方面对不同农家栽培型进行对比分析和鉴定，筛选出抗性较强、授粉率高的优质种质。

特征特性　该品种开花迟，使花末期部分花与彩带蜂活动期相遇而利于昆虫授粉，异花授粉概率提高，植株抗病性和抗逆性增强；柱头低，授粉时手感滑顺，容易授粉，且花序多，单位花序的花朵亦多（10 朵以上），花粉多，花粉黏度大，花蕊与大唇瓣间隔较宽使之利于昆虫授粉，故结实率及座果率远高于其他品种，种质抗病及抗逆性强，株苗强壮旺盛有利种质快速繁殖而呈现高产优质特性。

栽培技术要点　适合种植于北回归线以南，海拔 500m 以下

地区。应选择山坡向东南，背西北的山坑或山窝地。坑中有水流通过，谷底宽 20~30m，坡度在 30° 以下，有杂树做荫蔽树，表土有机质丰富、肥沃，底土为保水保肥力强的黄土者为佳。若周围群山环抱，地形错综复杂，则坡向也可不大讲究。在平原和丘陵区，也可种植砂仁，但要注意选择较为低平的地块，要有浇灌的水源等条件。春、秋两季皆可栽种。每亩种 1 500 株以上，即株行距 60cm × 60cm。种时按株行距开长三角形的穴，深 15cm，长 30cm。种苗要剪去过长的根，放于穴中，复土 3~5cm，压实头部。一般施用复合肥、有机肥，1 年 2 次，不可过多；进入周期性开花结果的砂仁群体，每年应施肥 4 次（分别于 2、4、6、8 月施肥）。需要防治叶斑病、炭疽病、果腐病、黄潜蝇、鼠害等。第 3 年及之后每年春夏时期采果，焙干。

产量表现 “长果 2 号”在人工授粉条件下鲜果产量约为 58kg/ 亩，比其他品种（‘长果 1 号’‘圆果 1 号’等）高出 50% 以上。

适宜区域 广东省阳春市及周边地区。

选育单位 广州中医药大学

五、河北省中药材新品种选育情况

地区：河北

审批部门：河北省林木品种审定委员会

中药材品种审批依据归类：《河北省林木品种审定办法》（冀林种字〔2005〕7号）

河北省中药材新品种选育现状表

药材名	品种名	选育方法	选育年份	选育编号	选育单位
丹参	冀丹1号	系统选育	2012	冀S-SV-PF-012-2016	河北省农林科学院经济作物研究所
丹参	冀丹2号	系统选育	2012	冀S-SV-PF-013-2016	河北省农林科学院经济作物研究所
丹参	冀丹3号	系统选育	2012	冀S-SV-PF-019-2012	河北省农林科学院经济作物研究所
丹参	丹杂1号	杂交育种	2014	冀S-SV-SM-030-2014	河北省农林科学院经济作物研究所
丹参	丹杂2号	杂交育种	2014	冀S-SV-SM-031-2014	河北省农林科学院经济作物研究所
紫苏	冀紫1号	系统选育	2016	冀S-SV-PF-012-2016	河北省农林科学院经济作物研究所
紫苏	冀紫2号	系统选育	2016	冀S-SV-PF-013-2016	河北省农林科学院经济作物研究所

（续表）

药材名	品种名	选育方法	选育年份	选育编号	选育单位
紫苏	多紫1号	诱变育种	2012	冀S-SV-PF-019-2012	河北省农林科学院经济作物研究所
紫苏	多紫2号	诱变育种	2012	冀S-SV-PF-020-2012	河北省农林科学院经济作物研究所
紫苏	多紫3号	诱变育种	2012	冀S-SV-PF-020-2012	河北省农林科学院经济作物研究所
菘蓝	冀蓝1号	系统选育	2014	冀S-SV-SM-031-2014	河北省农林科学院经济作物研究所
菊花	河北香菊	系统选育	2011	冀S-SV-CM-020-2011	河北省农林科学院经济作物研究所
金银花	巨花1号	系统选育	2013	冀S-SV-LJ-039-2013	巨鹿县林业局

1. 紫苏新品种——冀紫 1 号

作物种类 紫苏 *Perilla frutescens* (L.) Britt.

品种名称 冀紫 1 号

品种来源 原始材料来自河北省农林科学院药用植物研究中心紫苏种质群体。

审定情况 2016 年通过河北省林木良种审定

审定编号 冀 S-SV-PF-012-2016

特征特性 该品种为系统选育获得的新品种，1 年生，直立草本。株高 126.0cm，四棱形，具四槽，密被长柔毛。叶阔卵形，平均叶长 10.5cm，平均叶宽 7.80cm，先端短尖或突尖，基部圆形，边缘在基部以上有粗锯齿，草质，正面绿色背面紫色，上面被疏柔毛，下面被贴生柔毛，侧脉 7~8 对，位于下部者稍靠近，斜上升，与中脉在上面微突起下面明显突起，色稍淡；叶柄长 7.59cm，背腹扁平，密被长柔毛。小坚果近球形，灰褐色，直径约 2.04mm，具网纹。花期 8 月，果期 10 月中旬。亩产种子 110kg，含油率 42.8%。

栽培技术要点　选择土层深厚、疏松肥沃、地势较高、排水良好的沙质壤土地块种植。种植前应深翻土壤 30cm，结合整地，每亩施入腐熟有机肥 2 000~3 000kg，过磷酸钙 50kg。宜育苗移栽，也可直播，株行距以 60cm × 80cm 为宜，亩栽植株数在 1 200~1 400 株。一般中耕除草 3 次。封垄后不再中耕除草。可结合中耕除草追肥。以菜青虫为害为主，病害发生很少。紫苏全草药用以 9 月中旬采收为宜；苏籽药用以 10 月中旬收获，整株割下，晾晒后抖落种子。

产量表现　冀紫 1 号种子产量比对照增产 20%，苏籽含油率比对照提高 27.5%。

适宜区域　适宜在华北地区种植。

选育单位　河北省农林科学院经济作物研究所

2. 紫苏新品种——冀紫 2 号

作物种类 紫苏 *Perilla frutescens* (L.) Britt.

品种名称 冀紫 2 号

品种来源 原始材料来自河北省农林科学院药用植物研究中心紫苏种质群体。

审定情况 2016 年通过河北省林木良种审定

审定编号 冀 S-SV-PF-013-2016

特征特性 该品种为系统选育获得的新品种，1 年生草本，茎直立，株高 126cm，茎四棱，有明显凹槽，茎粗 1.445cm，分枝数 22~32 个；叶两面紫色，长卵形，长 11cm，宽 8cm，基部圆形且全缘，顶端突尖，边缘具粗圆锯齿；叶脉着生紫色短柔毛，中脉处较密，叶柄长 2.3~8.0cm，两面皆为紫色，有紫色短柔毛，较密；地上鲜重 966g/ 株，平均叶鲜重 341g/ 株；花期 9 月初，果期 11 月中旬，种子千粒重 0.93g。鲜食口感好。紫苏叶挥发油含量为 0.85%。

栽培技术要点 选择土层深厚、疏松肥沃、地势较高、排水良好的砂质壤土地块种植。种植前应深翻土壤 30cm，结合整地，每亩施入腐熟有机肥 2 000~3 000kg，过磷酸钙 50kg。宜育苗移栽，也可直播，株行距以 60cm × 80cm 为宜，亩栽植株数在 1 200~1 400 株。一般中耕除草 3 次。封垄后不再中耕除草。可结合中耕除草追肥。

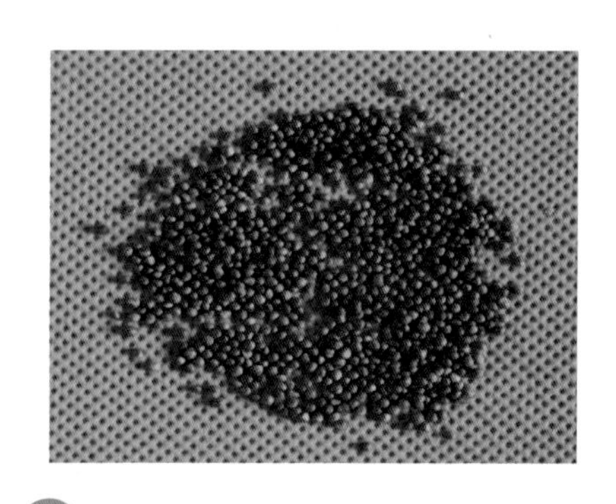

以菜青虫为害为主，病害发生很少。紫苏全草药用以9月中旬采收为宜；苏籽药用以10月中旬收获，整株割下，晾晒后抖落种子。

产量表现　冀紫2号紫苏叶中花青素含量高于对照，叶产量明显提高。

适宜区域　适宜在华北地区种植。

选育单位　河北省农林科学院经济作物研究所

3. 紫苏新品种——多紫1号

作物种类　紫苏 *Perilla frutescens* (L.) Britt.

品种名称　多紫1号

品种来源　原始材料来自二倍体紫苏，通过秋水仙素处理后鉴定选育而成。

审定情况　2012年通过河北省林木良种审定。

审定编号　冀S-SV-PF-019-2012

特征特性　该品种为倍性育种获得的新品种，1年生直立草本植物，平均株高115cm，茎四棱，有明显凹槽，节间缩短，株形紧凑，平均分枝数32个，被紫色细柔毛；叶绿色，卵形，长9~10cm，宽9~10cm，基部圆形且全缘，顶端突尖或尾长尖，边缘具粗圆锯齿，叶面皱褶；地上平均鲜重920g/株，平均叶鲜重280g/株；花期9月，果期10月，千粒重2.433g。叶产量明显高于对照。

栽培技术要点　选择土层深厚、疏松肥沃、地势较高、排水良好的砂质壤土地块种植。种植前应深翻土壤30cm，结合

整地，每亩施入腐熟有机肥 2 000~3 000kg，过磷酸钙 50kg。宜育苗移栽，也可直播，株行距以 60cm×80cm 为宜，亩栽植株数在 1 200~1 400 株。一般中耕除草 3 次。封垄后不再中耕除草。可结合中耕除草追肥。以菜青虫为害为主，病害发生很少。紫苏全草药用以 9 月中旬采收为宜；紫苏籽药用以 10 月中旬收获，整株割下，晾晒后抖落种子。

产量表现 多紫 1 号叶产量比对照增产 20%。

适宜区域 适宜在华北地区种植。

选育单位 河北省农林科学院经济作物研究所

4. 紫苏新品种——多紫 2 号

作物种类 紫苏 *Perilla frutescens* (L.) Britt.

品种名称 多紫 2 号

品种来源 原始材料来自二倍体紫苏，通过秋水仙素处理后鉴定选育而成。

审定情况 2012 年通过河北省林木良种审定。

审定编号 冀 S-SV-PF-020-2012

特征特性 该品种为系统选育获得的新品种，1 年生草本植物，茎直立，株高 80~90cm，茎四棱，有明显凹槽，节间缩短，株形紧凑，分枝数 14~16 个，被紫色细柔毛；叶两面纯紫色，叶卵形，长 9~11cm，宽 8~11cm，基部圆形且全缘，顶端突尖或尾长尖，边缘具粗圆锯齿，叶面褶皱；$16cm^2$ 叶重

0.27g，地上鲜重 620g/ 株，平均叶鲜重 198g/ 株；花期 9 月，果期 10 月，千粒重 2.067g。

栽培技术要点 选择土层深厚、疏松肥沃、地势较高、排水良好的砂质壤土地块种植。种植前应深翻土壤 30cm，结合整地，每亩施入腐熟有机肥 2 000~ 3 000kg，过磷酸钙 50kg。宜育苗移栽，也可直播，株行距以 60cm × 80cm 为宜，亩栽植株数在 1 200~1 400 株。一般中耕除草 3 次。封垄后不再中耕除草。可结合中耕除草追肥。以菜青虫为害为主，病害发生很少。紫苏全草药用以 9 月中旬采收为宜；苏籽药用以 10 月中旬收获，整株割下，晾晒后抖落种子。

产量表现 营养成分和药用成分含量明显高于亲本紫苏。

适宜区域 适宜在华北地区种植。

选育单位 河北省农林科学院经济作物研究所

5. 紫苏新品种——多紫 3 号

作物种类 紫苏 *Perilla frutescens* (L.) Britt.

品种名称 多紫 3 号

品种来源 原始材料来自二倍体紫苏，通过秋水仙素处理后鉴定选育而成。

审定情况 2012 年通过河北省林木良种审定。

审定编号 冀 S-SV-PF- 020-2012

特征特性 该品种为系统选育获得的新品种，一年生草本植物，茎直立，株高

80~100cm，茎四棱，有明显凹槽，节间缩短，株形紧凑，分枝数16~22个，被紫色细柔毛；叶紫色绿心，叶背面紫色，叶卵形，长9~12cm，宽8~11cm，基部圆形且全缘，顶端突尖或尾长尖，边缘具粗圆锯齿，叶面皱褶；16cm^2叶重0.27g，地上鲜重680g/株，平均叶鲜重210g/株；花期9月，果期10月，千粒重2.267g。

栽培技术要点 选择土层深厚、疏松肥沃、地势较高、排水良好的砂质壤土地块种植。种植前应深翻土壤30cm，结合整地，每亩施入腐熟有机肥2 000~3 000kg，过磷酸钙50kg。宜育苗移栽，也可直播，株行距以60cm×80cm为宜，亩栽植株数在1 200~1 400株。一般中耕除草3次。封垄后不再中耕除草。可结合中耕除草追肥。以菜青虫为害为主，病害发生很少。紫苏全草药用以9月中旬采收为宜；苏籽药用以10月中旬收获，整株割下，晾晒后抖落种子。

产量表现 营养成分和药用成分含量明显高于亲本紫苏。

适宜区域 适宜在华北地区种植。

选育单位 河北省农林科学院经济作物研究所

6. 丹参新品种——冀丹1号

作物种类 丹参 *Salviae miltiorrhizae* Bunge

品种名称 冀丹1号

品种来源 原始材料来自河北省农林科学院药用植物研究中心丹参种质资源圃经过对收集的全国丹参栽培类型和野生种质资源系统选育而成。

审定情况 2012年通过河北省林木良种审定

审定编号 冀 S-SV-SM-016-2012

特征特性 该品种为系统选育获得的新品种，平均株高37cm，奇数羽状复叶，草质；小叶数多于5，端生小叶卵圆状戟形，叶深绿色，叶面强烈皱褶，基部圆形，边缘具圆齿；叶柄长 4~10cm。一年生不开花，根肥厚，肉质圆柱状，朱红色，平均根长 24.20cm，根粗 0.918cm；平均鲜根株重 275.40g，亩产鲜根 1 123.5kg，高抗根腐病。

栽培技术要点　选择土层深厚、疏松肥沃、地势较高、排水良好的砂质壤土地块种植。种植前应深翻土壤 35cm 以上，结合整地，每亩施入腐熟厩肥或堆肥 2 500~3 000kg，过磷酸钙 50kg。株行距以（20~25）cm×（25~30）cm 为宜，亩栽植株数在 8 000~10 000 株。采用分根繁殖、扦插繁殖和芦头繁殖。一般中耕除草 3 次，封垄后不再中耕除草。以施基肥为主，如基肥不足，可结合中耕除草施追肥。雨季注意排水防涝。积水影响丹参根的生长，降低产量、品质，甚至烂根死苗。开花期将花序摘除，以利根部生长。以根腐病和根结线虫为害较重。10 月底或 11 月上旬采收。

产量表现　冀丹 1 号丹参丹酚酸 B 含量为 11.6%，产量低，根段扦插不易生根。

适宜区域　适宜在华北地区种植。

选育单位　河北省农林科学院经济作物研究所

7. 丹参新品种——冀丹 2 号

作物种类　丹参 *Salviae miltiorrhizae* Bunge

品种名称　冀丹 2 号

品种来源　原始材料来自河北省农林科学院药用植物研究中心丹参种质资源圃经过对收集的全国丹参栽培类型和野生种质资源系统选育而成。

审定情况　2012 年通过河北省林木良种审定。

审定编号　冀 S–SV–SM–017–2012

特征特性　该品种为系统选育获得的新品种，平均株高 50cm，奇数羽状复叶，小叶数 3~5，端生小叶卵圆形，叶绿色，叶面皱褶，叶基部圆形或偏斜，边缘具圆齿，草质；叶柄长 4~9cm。花序多，花序平均长 11cm，花萼浅紫色，花冠蓝紫色，花冠长度 1.5~2cm。花期 5—10 月。根肥厚，肉质圆柱状，紫红色，内面白色，平均根长 27.10cm，根粗 1.006cm；平均鲜根株重 343.6g，亩产鲜根 1 401.9kg，抗根腐病较强，产量明显高于对照。

栽培技术要点　选择土层深厚、疏松肥沃、地势较高、排水良好的砂质壤土地块种植。种植前应深翻土壤 35cm 以上，结合整地，每亩施入腐熟厩肥或堆肥 2 500~3 000kg，过磷酸钙 50kg。株行距以（20~25）cm×（25~30）cm 为宜，亩栽植株数在 8 000~10 000 株。采用分根繁殖、扦插繁殖和芦头繁殖。一般中耕除草 3 次，封垄后不再中耕除草。以施基肥为主，如基肥不足，可结合中耕除草施追肥。雨季注意排水防涝。积水影响丹参根的生长，降低产量、品质，甚至烂根死苗。开花期将花序摘除，以利根部生长。以根腐病和根结线虫为害较重。10 月底或 11 月上旬采收。

产量表现　冀丹 2 号丹参产量比对照高 20% 以上。

适宜区域　适宜在全国丹参种植区推广。

选育单位　河北省农林科学院经济作物研究所

8. 丹参新品种——冀丹 3 号

作物种类　丹参 *Salviae miltiorrhizae* Bunge

品种名称　冀丹 3 号

品种来源　原始材料来自河北省农林科学院药用植物研究中心丹参种质资源圃经过对收集的全国丹参栽培类型和野生种质资源系统选育而成。

审定情况　2012 年通过河北省林木良种审定

审定编号　冀 S–SV–SM–018–2012

特征特性　该品种为系统选育获得的新品种，平均株高 50cm，奇数羽状复叶，小叶数 3，端生小叶宽披针形，叶绿色，叶面较平，叶基部圆形，边缘具锯齿，草质；叶柄长 5~10cm。花序多，花序平均长 36.5cm，花萼浅紫色，花冠蓝紫色，花冠长度 1.5~2cm，花期 5—10 月。根肥厚，肉质圆柱状，外皮朱红色，内面白色，平均根长 23.5cm，平均根粗 1.0cm；平均鲜根株重 321.1g，亩产鲜根 1 310.0kg。抗根腐病较强。

栽培技术要点　选择土层深厚、疏松肥沃、地势较高、排水良好的砂质壤土地块种植。

种植前应深翻土壤 35cm 以上，结合整地，每亩施入腐熟厩肥或堆肥 2 500~3 000kg，过磷酸钙 50kg。株行距以（20~25）cm×（25~30）cm 为宜，亩栽植株数在 8 000~10 000 株。采用分根繁殖、扦插繁殖和芦头繁殖。一般中耕除草 3 次，封垄后不再中耕除草。以施基肥为主，如基肥不足，可结合中耕除草施追肥。雨季注意排水防涝。积水影响丹参根的生长，降低产量、品质，甚至烂根死苗。开花期将花序摘除，以利根部生长。以根腐病和根结线虫为害较重。10 月底或 11 月上旬采收。

产量表现 冀丹 3 号丹参产量比对照高 15% 以上。

适宜区域 适宜在全国丹参栽培区种植。

选育单位 河北省农林科学院经济作物研究所

9. 丹参新品种——丹杂 1 号

作物种类 丹参 *Salviae miltiorrhizae* Bunge

品种名称 丹杂 1 号

品种来源 原始材料来自冀丹 2 号丹参（D0540）为母本，脱毒丹参 D0501 为父本，杂交选育而成。

审定情况 2014 年通过河北省林木良种审定

审定编号　冀 S-SV-SM-030-2014

特征特性　该品种为系统选育获得的新品种，平均株高 55.5cm，单株分枝数 6 个，奇数羽状复叶，草质；小叶数多于 5，端生小叶椭圆形，叶绿色，叶面平展；根肥厚，肉质圆柱状，朱红色，平均根长 32.7cm，根粗 1.3cm；亩产干品 375.3kg，抗根腐病能力较强。

栽培技术要点　选择土层深厚、疏松肥沃、地势较高、排水良好的沙质壤土地块种植。种植前应深翻土壤 35cm 以上，结合整地，每亩施入腐熟厩肥或堆肥 2 500~3 000kg，过磷酸钙 50kg。株行距以（20~25）cm×（25~30）cm 为宜，亩栽植株数在 8 000~10 000 株。采用分根繁殖、扦插繁殖和芦头繁殖。一般中耕除草 3 次，封垄后不再中耕除草。以施基肥为主，如基肥不足，可结合中耕除草施追肥。雨季注意排水防涝。积水影响丹参根的生长，降低产量、品质，甚至烂根死苗。开花期将花序摘除，以利根部生长。以根腐病和根结线虫为害较重。10 月底或 11 月上旬采收。

产量表现　丹杂 1 号丹参产量比对照高 25% 以上。

适宜区域　适宜在全国丹参栽培区种植。

选育单位　河北省农林科学院经济作物研究所

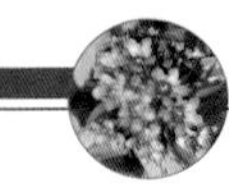

10. 丹参新品种——丹杂 2 号

作物种类 丹参 *Salviae miltiorrhizae* Bunge

品种名称 丹杂 2 号

品种来源 原始材料来自冀丹 2 号丹参（D0540）为母本，冀丹 1 号丹参为父本，杂交选种而成。

审定情况 2014 年通过河北省林木良种审定

审定编号 冀 S-SV-SM-031-2014

特征特性 该品种为系统选育获得的新品种，平均株高 47.2cm，单株分枝数 4 个，奇数羽状复叶，草质；小叶数多于 5，端生小叶披针形，叶深绿色，叶面皱缩；根肥厚，肉质圆柱状，朱红色，平均

母本冀丹2号丹参植株

对照安国传统栽培丹参植株

父本冀丹1号丹参植株

丹杂2号丹参植株

根长 22.2cm，根粗 0.8cm；亩产干品 371.9kg，抗根腐病能力强。

栽培技术要点 选择土层深厚、疏松肥沃、地势较高、排水良好的砂质壤土地块种植。

种植前应深翻土壤 35cm 以上，结合整地，每亩施入腐熟厩肥或堆肥 2 500~3 000kg，过磷酸钙 50kg。株行距以（20~25）cm×（25~30）cm 为宜，亩栽植株数在 8 000~10 000 株。采用分根繁殖、扦插繁殖和芦头繁殖。一般中耕除草 3 次，封垄后不再中耕除草。以施基肥为主，如基肥不足，可结合中耕除草施追肥。雨季注意排水防涝。积水影响丹参根的生长，降低产量、品质，甚至烂根死苗。开花期将花序摘除，以利根部生长。以根腐病和根结线虫为害较重。10 月底或 11 月上旬采收。

产量表现 丹杂 2 号丹参产量比对照高 25% 以上。

适宜区域 适宜在全国丹参栽培区种植。

选育单位 河北省农林科学院经济作物研究所

11. 菘蓝新品种——冀蓝 1 号

作物种类 菘蓝 *Isatis indigotica* Fortune

品种名称 冀蓝 1 号

品种来源 菘蓝群体中系统选育而成。

审定情况 2014 年通过河北省林木良种审定。

审定编号 冀 S-SV-SM-031-2014

特征特性 该品种为系统选育获得的新品种，叶片较小，长圆状椭圆形，叶浅绿色，质薄，向上斜伸，叶长 25.15cm，宽 4.19cm；主根深长，根较少分枝，平均根粗 2.20cm，平均根鲜重 65g，折干率 28.5%。种子千粒重为 6.91，浸出物为 34.3%，抗菌效果明显好于普通栽培菘蓝；该品种地上部分叶片较小、直立，可适当密植，栽植株行距为 0.1m×0.25m，亩栽植 2 万株以上，比普通菘蓝每亩多种 5 000 株以上，可提高板蓝根单位面积产量。

栽培技术要点 选择土层深厚、疏松肥沃、地势较高，排水良好的砂质壤土地块种植。种植前深翻土壤 30cm 以上，结合整地，每亩施入农家肥 2 000~3 000kg，过磷酸钙 50kg。株行距以 10cm × 25cm 为宜，亩栽植株数 26 600 株。春播在清明至立夏，夏播从芒种到夏至；条播按行距 25cm 开沟，沟深约 3cm，将种子均匀地撒播于沟内，覆土厚约 1.5cm，播后 7~10d 即可出苗。当苗高 6~8cm 时间苗，一般株距为 10cm。及时进行中耕除草。10 月底至 11 月初采收。春播的割 2~3 次叶，夏播的不割叶，根于秋季刨出晒干即为成品。

产量表现 冀蓝 1 号板蓝根抗病毒效果好于普通板蓝根，根条直立，分根少。

适宜区域 适宜在全国板蓝根种植区推广。

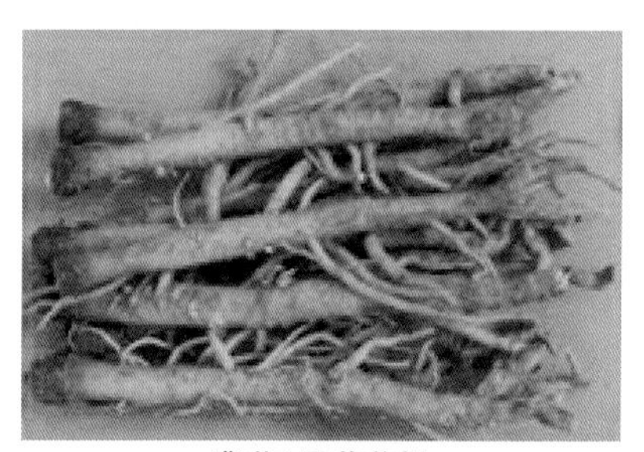
冀蓝1号菘蓝根

冀蓝1号菘蓝植株

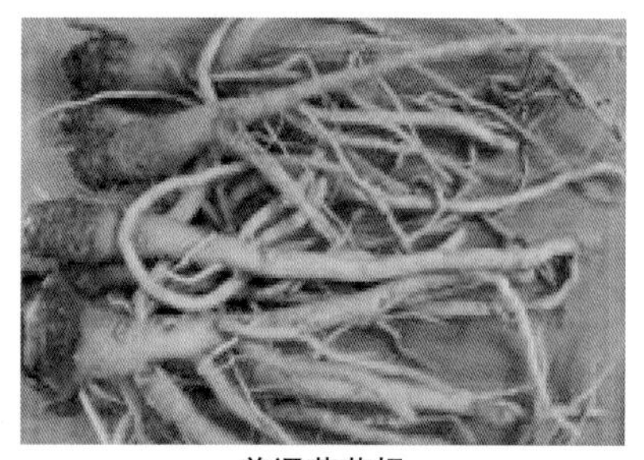
普通菘蓝根

普通菘蓝植株

选育单位　河北省农林科学院经济作物研究所

12. 菊花新品种——河北香菊

作物种类　菊花 *Dendranthema morifolium*（Ramat.）Tzvel.

品种名称　河北香菊

品种来源　菊花群体中系统选育而成。

审定情况　2011年通过河北省林木良种审定。

审定编号　冀 S-SV-CM-020-2011

特征特性　该品种为系统选育获得的新品种，具有特殊芳香，株型直立，平均株高80cm，茎粗而硬直。叶较厚，不披散下垂，缺裂浅而圆，柄较短，色深而有光泽。花期较晚，初花期在11月5日左右，盛花期在11月中旬。花初开时呈淡紫红色，盛开时白色，花序平均直径8.54cm，舌状花35~122个，舌状花排列层数为9~13层；平均单株头状花序为50个；平均单个花序鲜重2.29g。

栽培技术要点　①选择土层深厚、疏松肥沃、地势较高、排水良好的砂质壤土地块种植；②种植前应深翻土壤30cm，结合整地，每亩施入腐熟厩肥或堆肥2 000~3 000kg，过磷酸钙50kg；③株行距以0.3m×0.5m为宜，亩栽植株数在4 000株左右；④一般中耕除草3次。封垄后不再中耕除草。以施基肥为主，如基肥不足，可结合中耕除草追肥；⑤在菊花生长过程中，除移栽时要打一次顶外，在大田生长阶段一般要打2次顶，促使多分枝。第1次在7月中旬，第2次在7月下旬至8月上旬，打顶宜在晴天植株上露水干后进行。第1次应重打，用手摘或用镰刀打去主干和主侧枝7~10cm，留

10cm 高；第 2 次应轻打，摘去分枝顶芽 3~5cm。此外，还要摘除疯长枝条；⑥以蚜虫为害为主，病害以枯斑病、病毒病发生为主；⑦该品种的开花期约 20d。一般于 11 月中旬开得较为集中。作为药用在花八分开一次性采收；作为茶用，应分批采收，以舌状花 2/3~3/4 开放时为最适采收期，采摘的花朵放到专用的硬箱等容器中，避免挤压，保持花朵形状。全开放的花，不仅香气散逸，容易落瓣，而且加工后易散、花托变黑、花瓣色泽亦差。作为药材或提取芳香油，也应在花朵盛开花前采收，此时采摘香气较浓；⑧ 干燥处理，以花序完整、颜色鲜艳纯正、气味清香、无碎瓣、无霉变者为佳。香菊烘干干燥，烘干温度控制在 40℃，烘干时间 70h 左右，花朵向上单层摆放，保持原有花型。

产量表现　河北香菊挥发油含量为 1.59%，绿原酸含量为 0.36%；总黄酮含量约为 5%。富含钾、硒、铁、钙等对人体有益的矿质元素，其中，钾含量为 3 882.5mg/100g，硒为 183μg/100g，锌 4.3mg/100g，钙 685.6mg/100g，镁 296.3mg/100g，铁 108.7mg/100g，铜 0.85mg/100g。

适宜区域　适宜在全国香菊种植区推广。

选育单位　河北省农林科学院经济作物研究所

13. 金银花新品种——巨花 1 号

作物种类　金银花 *Lonicera japonica*

品种名称　巨花 1 号

品种来源　原始材料来自栽培的金银花具有优势的单株，进行选优培育而成。

鉴定情况　林木良种证（审定）。

鉴定编号　冀 S-SV-LJ-039-2013

特征特性　该品种为多年生半常绿缠绕灌木。蔓长，多为

1~2m，茎中空，多分枝，枝条粗壮，节间短，徒长枝少，直立性强，易培养主干。单叶对生，无托叶，较大而肥厚，花为成对腋生，结蕾整齐，易采摘。据测定“巨花一号”花蕾含有16种氨基酸和铁、钾、锌、镁等17种矿物质，绿原酸含量超过3.6%，木犀草苷含量超过0.06%，药用价值高。

栽培技术要点　选择地势平坦、土层深厚、排灌方便的沙壤土或壤土地。育苗前施有机肥。金银花育苗有扦插育苗和压条育苗两种方法，但以扦插育苗为主。扦插育苗可在春夏秋三季进行，但以夏季扦插成活率最高。按常规方法防治蚜虫、棉铃虫、蛴螬、白粉病、褐斑病等。每年5月开始采摘，采摘标准是“花蕾由绿变白，上白下绿，上部膨胀，尚未开放”。加工以烤房烘干法为主。

产量表现　巨花1号亩产干花120kg。

适宜区域　适宜在河北、河南、山东、浙江、贵州等省种植。

选育单位　巨鹿县林业局

六、山东省中药材新品种选育情况

地区：山东

审批部门：山东省农作物品种审定委员 会

中药材品种审批依据归类：山东省农作物品种审定委员会山东省草品种审定委员会

山东省中药材新品种选育现状表

药材名	品种名	选育方法	选育年份	选育编号	选育单位
黄芩	鲁芩1号	系统选育	2015	2015084	山东省中医药研究院
桔梗	鲁梗1号	混合选择		008	山东省农业科学院原子能农业应用研究所
桔梗	鲁梗2号	混合选择		021	山东省农业科学院原子能农业应用研究所
桔梗	鲁原桔梗1号	混合选择	2013	2013062	山东省农业科学院原子能农业应用研究所
丹参	鲁丹参1号	混合选择		020	山东省农业科学院原子能农业应用研究所
丹参	鲁原丹参1号	航天诱变		020	山东省农业科学院原子能农业应用研究所、烟台天星航天育种技术开发有限公司

1. 黄芩新品种——鲁芩 1 号

作物种类　黄芩 *Scutellaria baicalensis* Georgi

品种名称　鲁芩 1 号

品种来源　原始材料来自山东莒县黄芩种质，系统选育而成。

鉴定情况　经山东省农作物品种审定委员会审定。

鉴定编号　2015-084

特征特性　植株高 45~50cm，茎较粗壮，绿色，密被毛。叶片表面深绿色，背面淡绿色，叶质略厚，叶片长 3~4.2cm，宽 0.6~0.9cm；上表面有稀疏短毛，叶缘及下表面叶脉处毛较长且密，叶缘具睫毛。花期 5 月中旬。花序轴密被毛，长 15~20cm。花紫色至蓝紫色，排列较疏，花长 1.8~2.0cm，基部略带黄色，先端紫色或蓝紫色，被毛。果萼较大，其上附属物较长。果熟期 6 月中旬，种子黑色，千粒重 1.80~1.93g，籽粒饱满。根较粗大，表面深棕色，纵皱纹细密。主根长 23~29cm，直径 1.5~2cm。质脆，易折断，断面鲜黄色，不平坦，略呈板片状。2013、2014 年经济南市药检所检测，黄芩苷平均含量为 17.1%（2 年生）和 11.6%（1 年生）。

栽培技术要点　选择阳光充足，排水好，土层深厚、肥沃的砂质壤土栽培。宜采用种子繁殖，3 月下旬，按行距 30~35cm，在垄上开 1cm 的浅沟直播，覆盖地膜。育苗移栽的在种子收获后的 9 月播种，翌年 3 月下旬至 4 月上旬移栽，按株距 12cm 定植于大田。栽培密度每亩 10 000 株左右。苗期要保持土壤湿润，雨季及时排水。育苗移栽的当年 10 月采收，直播的第 2 年 10 月地上部分枯萎时采收。取全根，去泥土及残茎，迅速晒干或烘干。

产量表现　“鲁芩 1 号”2 年生药材（干品）比对照增产 13.8%；1 年生药材（干品）比对照增产 22%。

适宜区域　适宜在山东地区种植。

选育单位　山东省中医药研究院

2. 桔梗新品种——鲁梗 1 号

作物种类　桔梗 *Platycodon grandiflorum* (Jacq.) A. Dc

品种名称　鲁梗 1 号

品种来源　原始材料来自河南南阳经济作物研究所引进当地种植的农家桔梗种子。经群体混合选择培育而成。

审定情况　通过山东省草品种审定委员会审定。

审定编号　008

特征特性　株高（2 年生）65cm 左右，绿茎，分支数 1.5 个，主茎叶片数 40 片左右，叶片较小，株型中等，抗倒伏性能较强。紫花、花冠中等，始花期 7 月初，偏晚熟类型。种子饱满、黑亮，千粒重为 0.95g 左右。根皮浅黄色或黄褐色，直根型分布比例 60% 以上，桔梗皂甙含量高于 6.0%。耐寒、耐旱、抗旱、耐重茬，丰产性能好，适宜的栽植密度为每亩 45 000 株左右，具有更高的增产潜力，适宜于沙壤土、棕壤土，褐土次之，忌涝洼地或黏重土壤。

栽培技术要点　选择土层深厚，质地疏松，排水条件良好的腐殖质土或沙壤土，亩施优质腐熟有机肥 8m^3，三元素复合肥 20kg，深翻 20cm 以上，耙匀，做畦耙细待播种。7 月下旬至 8 月上旬播种，采用撒播，播后撒层浅薄的细沙，以盖上种子为度，再覆麦草防雨冲、保湿，10d 左右萌发，每亩用种量 4kg。翌年 4 月上旬，按照行距 20cm、株距 5~6cm，移植后根据墒情确定是否浇定苗水。注意防治桔梗炭疽病、根线虫病。10 月中旬植株地上部分枯萎时，适时收获。

产量表现　区域试验中产量都高于对照 12% 以上。

适宜区域　适宜在山东省种植。

选育单位　山东省农业科学院原子能农业应用研究所

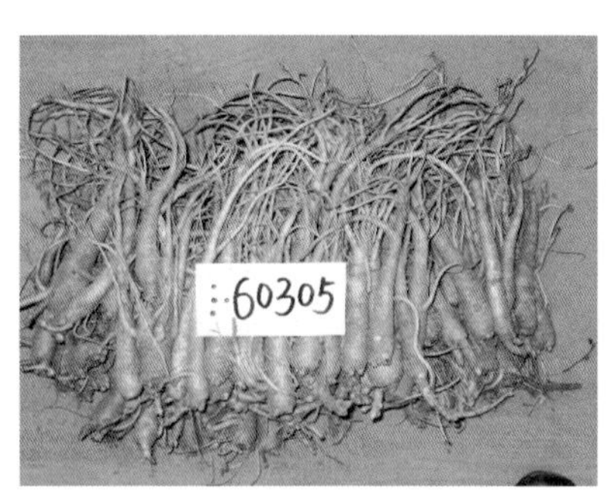

3. 桔梗新品种——鲁梗 2 号

作物种类　桔梗 *Platycodon grandiflorum* (Jacq.) A. Dc

品种名称　鲁梗 2 号

品种来源　原始材料来自山东省蒙阴县农家桔梗种子。经过群体混合选择培育而成。

审定情况　通过山东省草品种审定委员会审定。

审定编号　021

特征特性　株高（2 年生）70cm，绿茎，分枝数 1.8 个，主茎叶片数 43 片左右，叶片较小，株型中等，抗倒伏性能较强。紫花、花冠较大，始花期 6 月末，中熟类型。种子饱满黑亮，千粒重为 0.85g 左右。根皮浅黄色或黄褐色，直根型分布比例 70% 左右，桔梗皂甙含量高于 13.0%。耐寒、耐旱、抗旱、耐重茬，丰产性能好，适宜栽植密度为每亩 55 000 株左右，具有高产潜力，适宜于沙壤土、棕壤土，褐土次之，忌涝洼地或黏重土壤。

栽培技术要点　选择土层深厚，质地疏松，排水条件良好的腐殖质土或沙壤土，亩施优质腐熟有机肥 8m^3，三元素复合肥 20kg，深翻 20cm 以上，耙匀，做畦耙细待播种。7 月下旬至 8 月上旬播种，采用撒播，播后撒层浅薄的细沙，以盖上种子为度，再覆麦草防雨冲、保湿，10d 左右萌发，每亩用种量 4kg。翌年 4 月上旬，按照行距 20cm，株距 5~6cm，移植后根据墒情确定是否浇定苗水。注意防治桔梗炭疽病，根线虫病。10 月中旬植株地上部分枯萎时，适时收获。

产量表现　区域试验中产量都高于对照 10% 以上。

适宜区域　适宜在山东省种植。

选育单位　山东省农业科学院原子能农业应用研究所

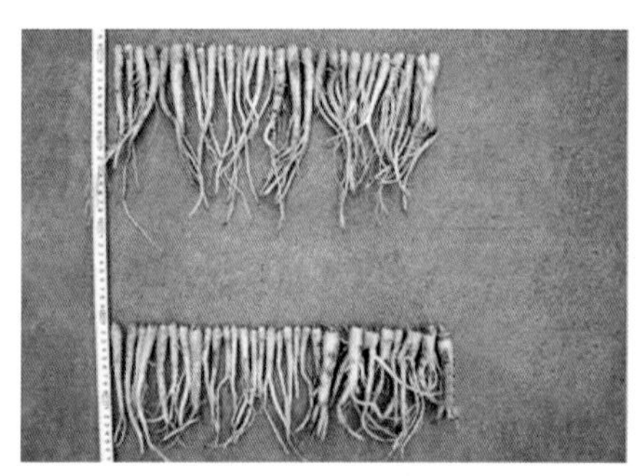

4. 桔梗新品种——鲁原桔梗 1 号

作物种类　桔梗 *Platycodon grandiflorum* (Jacq.) A. Dc

品种名称　鲁原桔梗 1 号

品种来源　该品种为农家品种经群体混合选择培育而成，原始材料来自陕西商洛引进农家桔梗种子。

审定情况　通过山东省农作物品种审定委员会审定。

审定编号　鲁农审 2013062 号

特征特性　株高（2 年生）76cm，绿茎，分枝数 1.6 个，主茎叶片数 52 片左右，叶片锯齿，株型较高。紫花，始花期 7 月初，中熟类型。种子饱满黑亮，千粒重为 0.97g 左右。根皮浅黄色或黄褐色，直根型分布比例 63.5% 左右，桔梗皂甙含量高于 20.0%。耐寒、耐旱、抗旱、耐重茬，丰产性能好，适宜的栽植密度为每亩 50 000 株左右，具有高产潜力，适宜于沙壤土、棕壤土，褐土次之，忌涝洼地或黏重土壤。

栽培技术要点　选择土层深厚，质地疏松，排水条件良好的腐殖质土或砂壤土，每亩施优质腐熟有机肥 $10m^3$，三元素复合肥 30kg，深翻 20cm 以上，耙匀，做畦耙细待播种。7 月下旬至 8 月上旬播种，采用撒播，播后撒层浅薄的细沙，以盖上种子为度，再覆麦草防雨冲、保湿，10d 左右萌发，每亩用种量 4kg。翌年 4 月上旬，按照行距 20cm，株距 5~6cm，移植后根据墒情确定是否浇定苗水。注意防治桔梗炭疽病、根线虫病。10 月中旬植株地上部分枯萎时，适时收获。

产量表现　区域试验中，产量都高于对照 10% 以上。

适宜区域　适宜在山东省种植。

选育单位　山东省农业科学院原子能农业应用研究所

5. 丹参新品种——鲁丹参 1 号

作物种类　丹参 *Salvia miltiorrhiza* Bunge

品种名称　鲁丹参 1 号

品种来源　原始材料来自山东蒙阴农家丹参群体。经群体混合选择培育而成。

审定情况　通过山东省草品种审定委员会审定。

审定编号　020

特征特性　植株直立，花期偏晚，盛花期株高 70cm 左右，分枝数 1~2 个，主茎茎生叶片 8~10 片，花苔与果穗较长，分别为 38cm 和 29cm，花蕾数约 100 个，花冠较大，上唇长度 2.2cm，单株果穗数 5~6 个，中部叶片先端小叶大小中等，长宽比约 1.3。根系发达，根色深红或棕红，根长 35cm 以上，主根直径 1.7cm，侧根直径平均约 0.75cm，根条数 10~15。

栽培技术要点 选择土层深厚，质地疏松，排水条件良好的砂壤土或壤土。基肥以腐熟的有机肥为主，深翻 30~35cm，整细、耙平、做垄。夏季种子收获后随即育苗，用种子量约 3kg/ 亩，播种后覆盖麦草、遮阳网等覆盖物，以保墒和遮阴。选好适宜的大田，施有机肥 1 500~200kg/ 亩，磷酸二铵 10kg 作底肥，深翻 30cm 以上，整平、做垄，垄宽 60~80cm，高 20cm 左右。10 月下旬至 11 月上旬进行，行株距 20~25cm，大垄双行或单垄栽植，栽植密度约 8 000 株 / 亩。封垄前结合施肥除草 2~3 次，封垄后拔除大草。生长期内施肥 3 次，提苗肥以氮肥为主，促花肥和增根肥以磷肥、钾肥为主。防止根结线虫、根腐病、叶斑病、蛴螬等。第 2 年 10 月下旬为采收适期。

产量表现 区域试验中，比对照平均增产 14%。

适宜区域 适宜在山东省种植。

选育单位 山东省农业科学院原子能农业应用研究所

6. 丹参新品种——鲁原丹参 1 号

作物种类　丹参 *Salvia miltiorrhiza* Bunge

品种名称　鲁原丹参 1 号

品种来源　原始材料来自 2004 年 9 月 27 日利用第 20 颗返回式卫星，搭载了山东莒县丹参农家种子 20g。2005 年、2006 年，在威海基地进行了两年地面选育，选取了地上部株型紧凑、叶片肥厚、叶色浓绿、根系发达、须根较少、根色鲜红的 70 棵优良植株。2007 年春将威海基地选育的优良植株种根，在莱山区和莱州基地分别进行分根繁殖，同时筛选优良株系。2008 年、2009 年于烟台莱州、莱山进行大面积展示，2010 年参加区域试验和生产试验。根据其综合表现确定为适于山东省主要丹参产区种植的高产丹参新品种。

审定情况　通过山东省农作物审定委员会审定

审定编号　020

特征特性　种子椭圆形，黑色，千粒重 1.2g。植株直立，株型紧凑，花期偏晚，盛花期株高 76cm，茎绿色，被长柔毛，分支数 2.6 个，叶片卵圆或椭圆形，叶面较光滑。紫花、始花期 5 月初，中熟类型。根条数 11~13 条，毛根稀少，长圆柱形，略弯曲，长 32~40cm，直径 1.3~1.5cm。表面棕红色或暗棕红色，粗糙，具纵皱纹。耐寒、抗旱、丰产性能好，适宜的栽植密度为 8 000 株/ 亩。该品种鲜根产量最高可达 3 530kg/ 亩；有效成分丹参酮ⅡA 含量为 0.49%，比对照高 12.7%，丹酚酸 B 含量为 5.13，比对照高 5.3%。该品种增产潜力大，适于省内主产区高产地块推广种植。

栽培技术要点　选择土层深厚，质地疏松，排水条件良好的沙质壤土，忌重茬。每亩施优质腐熟有机肥 3 000kg，三元素复合肥 30kg，深翻 40cm 以上，耙匀。按垄距 90cm，垄高 15cm，垄顶呈弧形的规格起垄。于秋季收获时，留出部分地块不挖，到第二年 2

月中旬起挖，选择直径为0.7~1cm，健壮、无病虫害，皮色红的根作种根，取根条中上段萌发能力强的部分和新生根条，剪成长5cm左右的节段，于温室中育苗，4月中旬移栽到田间。按照株行距25cm×40cm栽植，穴深5~7cm，每穴放入1段萌发的根条，覆土约3cm，覆盖90cm宽、0.006cm厚的地膜，视墒情浇定苗水。每亩用种根35~40kg。注意防治丹参根腐病、根线虫病。当年11月中旬植株地上部分枯萎时，适时收获。

产量表现　区域试验中，比对照平均增产50%。

适宜区域　适宜在山东省种植。

选育单位　山东省农业科学院原子能农业应用研究所、烟台天星航天育种技术开发有限公司

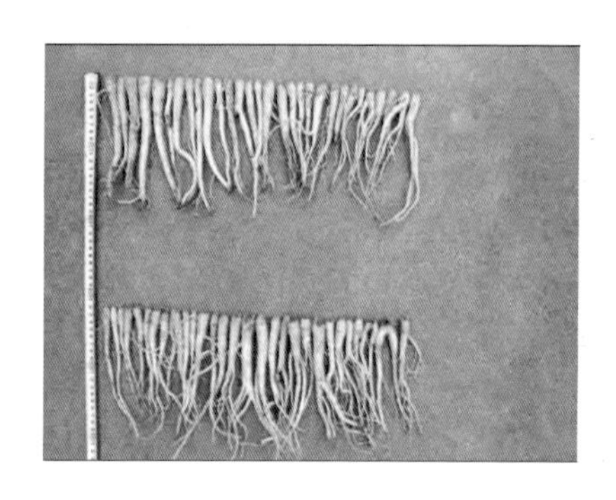

七、浙江省中药材新品种选育情况

地区：浙江

审批部门：浙江省非主要农作物品种认定委员会

中药材品种审批依据归类：通过浙江省非主要农作物新品种鉴定

浙江省中药材新品种选育现状表

药材名	品种名	选育方法	选育年份	选育编号	选育单位
杭白菊	金菊3号	芽变单株	2013	浙（非）审药2013002	桐乡市农技推广中心
浙贝母	浙贝2号	地方品种“宽叶种”提 纯复壮	2013	浙（非）审药2013001	宁波市鄞州区农林局
白术	浙术1号	变异株	2013	浙（非）审药2013002	磐安县中药材研究所
元胡	浙胡2号	变异株	2014	浙（非）审药2014001	东阳市农技推广中心
铁皮石斛	仙斛2号		2011	浙（非）审药2011001	金华寿仙谷药业有限公司
铁皮石斛	晶品1号	杂交	2014	浙R-SV-D0-015-2014	浙江农林大学
铁皮石斛	仙槲3号	杂交、诱变、分子标记辅育	2015	浙（非审药2015001	金华寿仙谷药业有限公司

（续表）

药材名	品种名	选育方法	选育年份	选育编号	选育单位
西红花	番红1号	变异株	2014	变异株浙（非）审药2014002	浙江中信药用植物种业有限公司
薏苡	浙薏2号	辐射诱变	2014	浙（非）审药2014004	浙江省中药研究所有限公司
益母草	浙益1号	野生种质资源经驯化	2015	浙（非）审药2015003	浙江省中药研究所有限公司
温郁金	温郁金2号	变异株	2015	浙（非）审药2015002	浙江省中药研究所有限公司
灵芝	仙芝2号	“仙芝1号”航天诱变	2014	浙（非）审菌2014003	浙江寿仙谷生物科技有限公司、金华寿仙谷药业有限公司
参薯	温山药1号	系统选育	2014	浙（非）审药2014005	浙江省亚热带作物研究所

1. 杭白菊新品种——金菊 3 号

作物种类 杭白菊 *Dudleya greenei*

品种名称 金菊 3 号

品种来源 原始材料来自小洋菊芽变单株。

鉴定情况 通过浙江省非主要农作物新品种鉴定。

鉴定编号 浙（非）审药 2013002

特征特性 该品种一般在 10 月底 11 月初始花，花期相对比较集中，11 月 21 日左右终花。苗期植株直立，后期呈半匍匐状，植株较高、长势中上，压条后期株高 57.0cm，叶长卵形，1~2 对深裂，叶薄而软，淡绿，须根多而发达，茎节发根力强；茎杆较细而柔韧，浅绿色，后期呈紫红色；分枝力较强。花朵直径 4.4cm，花瓣及花蕊金黄色，颜色鲜艳亮丽一般 5~6 层，一般 110~130 个花瓣，平均每朵鲜花重 0.96g；耐肥力中等，适应性广，抗逆性较强，病害较轻，健叶率比对照增加 8.9%，病毒病枝（株）感染率平均 3.8%，比对照小洋菊的 5.2% 减少 27.8%。泡饮味略带甜，芳香味浓，花形完整，品质佳。总黄酮含量为 6.1%，比小洋菊增加 8.6%。样品经金华市食品药品检验所检测，绿原酸含量为 0.5%，木犀草苷含量为 0.38%，3，5–O– 二咖啡酰基奎宁酸含量为 1.0%，符合 2010 版《中华人民共和国药典》要求。

栽培技术要点 开展配套栽培技术研究，确定最佳栽培方式。采用基质扦插苗、提高秧苗素质；通过压条试验，确定压条次数和最佳压条时间；确定末次摘心时间，增加有效分枝，提高菊花品质和产量；种植密度试验，有效保证畦面适时封行，保证后期生长量分枝较为健壮，为丰产打下基础，同时也为制定杭白菊规范化栽培技术提供科学依据。

产量表现 “金菊 3 号”2014 年亩产 144kg，2015 年为 154.18kg。2014 年推广面积 672 亩，比常规品种增收 305 万元。2015 年推广面积 538 亩，比常规品种增收 480 多万元。两年共增收 785 万元。

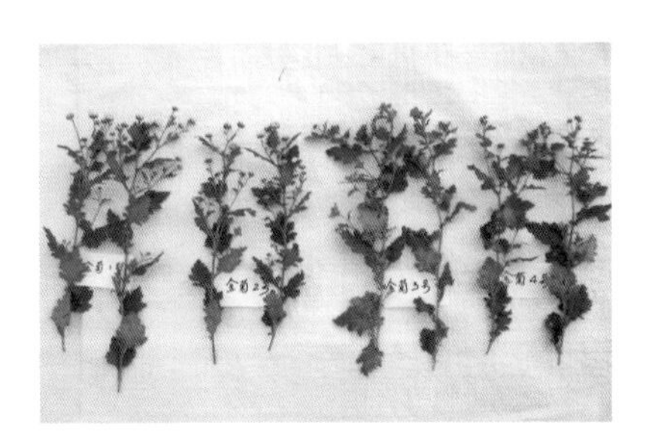

适宜区域 适宜杭白菊主产区。

选育单位 桐乡市农业技术推广中心

2. 浙贝母新品种——浙贝 2 号

作物种类 浙贝母 *Fritillaria thunbergii*

品种名称 浙贝 2 号

品种来源 原始材料来自鄞州农家地方品种“宽叶种”，经提纯复壮而成。

鉴定情况 通过浙江省非主要农作物新品种鉴定。

鉴定编号 浙（非）审药 2013001

特征特性 株高 55cm，茎粗 0.6cm，圆柱形，主茎基部棕色或棕绿色，中部为棕绿过渡色，上部为绿色，二杆比浙贝 1 号少。叶色淡绿，叶宽大于浙贝 1 号。地下鳞茎表皮乳白或奶黄色，呈扁圆形，直径 3~6cm，单个鳞茎重 30g。鳞片肥厚，多为 2 片，包合紧。总状花序，一般每株有花 4~8 朵，淡黄色或黄绿色。植株始枯迟，但枯萎速率快于浙贝 1 号，尤其是二杆。10 月 1 日前后播种，2 月中旬出苗，齐苗比浙贝 1 号、多子种迟 7d 左右，地上生育期短，花期 3—4 月，果期 4— 5 月，5 月中下旬枯苗成熟，全生育期 235d 左右，比浙贝 1 号、多子种分别迟 2 天和 4d 左右。枯苗后至 9 月为种贝休眠期。对灰霉病、干腐病和越夏期间鳞茎腐烂病的抗性比浙贝 1 号要强。经浙江省食品药品检验研究院切片干燥测定，鄞州区浙贝 2 号的贝母素甲、贝母素乙含量为 0.11%，符合 2010 年版《中华人民共和国药典》要求。

栽培技术要点 含有机质丰富的砂质壤土或中壤土较为理想，每出苗前、齐苗期、现蕾期施入纯氮肥，现蕾开花期施硫酸钾。10 月上旬播种，行株距 20cm × 18cm，亩下种量 350~450kg，注意病毒病防治。

产量表现　鄞州区2010—2012年3年3点浙贝母品种对比试验，浙贝2号平均亩产246.4kg，比对照浙贝1号增产4.9%。

适宜区域　适宜宁波等亚热带、低山缓坡、土壤沙性、有机质丰富的地区种质。

选育单位　宁波市鄞州区农林局

3. 白术新品种——浙术1号

作物种类　白术 *Atractylodes macrocephala*

品种名称　浙术1号

品种来源　原始材料来自变异株。

鉴定情况　通过浙江省非主要农作物新品种鉴定。

鉴定编号　浙（非）审药2014003

特征特性　生育期240~248d。株高39.3cm，茎粗0.96cm，杆青或青褐色，1~4个分枝，冠幅31.2cm。叶片深绿色，多为3~5回羽状全裂，最大裂片长10.2cm、宽3.7cm，稀兼杂不裂而叶片为长椭圆形。总状花序（花蕾）宽钟形或扁球形，顶生，直径3cm以上，开花期9月中旬至11月中旬。商品根茎蛙形、鸡腿形等优形率达54.8%，黄棕色或灰黄色，单个重72g，横断面呈菊花芯，气清香，总挥发油含量平均2.67mL/100g，浸出物经检测都达到 2010 版药典规定。耐肥强，适应性广，较抗病，耐旱。最主要特点是产量高、花蕾大、商品优形率、功效成分含量高。

栽培技术要点 选地整地：种植地以前作为水稻的壤质田块为好，生荒山坡地等森林环境也佳；过于黏重的黏土，植株生长不良。切忌排水不良地段和连作。细致整地，做成龟形畦，排水要通畅；播种：播种时间 12 月至翌年 3 月，种植方法。株行距 20cm×（20~25）cm，每垄宽 30cm，每亩 8 000~10 000 株。栽植时，适当深栽，竖立术栽，芽向上，盖土 4~6cm，最好盖焦泥灰；田间管理。基肥施氮肥，2 000~3 000kg/ 亩或施复合肥 35kg/ 亩；出苗后每亩施尿素 7.5kg，过磷酸钙 36kg，硫酸钾 7kg；5 中旬至 6 月上旬每亩施尿素 5kg，硫酸钾 3.5kg；摘花蕾后重施氮肥，每亩施尿素 25kg；8 月底至 9 月上旬视生长情况每亩施尿素 25kg 或对水叶面喷施 1kg 磷酸二氢钾。出苗前注意松土除草；排灌水；病虫害防治。以多菌灵、甲基托布津、恶霉灵、腐霉利等药剂防治根腐病、白绢病等病害 3 次，清除病死株减少病原。

产量表现 “浙术 1 号”全省累计推广应用 3 560 亩，占全省

对照

浙术1号

比例 10%，每亩比普通农家品种增产 19.15kg，增幅 12.6%。

适宜区域　浙江省内白术主产区。

选育单位　磐安县中药材研究所

4. 元胡新品种——浙胡 2 号

作物种类　元胡 *Corydalis yahusuo*

品种名称　浙胡 2 号

品种来源　原始材料来自本地种变异株。

鉴定情况　通过浙江省非主要农作物新品种鉴定。

鉴定编号　浙（非）审药 2014001

特征特性　全生育期 160~180d，生育期 70~75d；株高 15~20cm，地上茎 15~20 条；叶片细小，淡绿色，两回三出全

裂，叶形卵形、披针形，叶缘有缺裂；总状花序，单丛花序 1~5 个，每个花序 3~5 朵，紫红色；地下块茎 6~9 个，百粒鲜重 140~160g，延胡索乙素含量 0.09%。成熟期早，适应性广，耐肥力中等。

栽培技术要点 10 月中下旬播种，播种密度（10~12）cm × 10cm，亩播种量 40~50kg；施足基肥，12 月重施冬肥，3 月适施春肥。施复合肥、钙镁磷肥、有机肥、栏肥等作基肥，施碳铵、过磷酸钙作冬肥，复合肥、栏肥作苗肥，尿素、复合肥作花肥。出苗前及时除草，在苗期南方雨水多，湿度大，注意排水降湿，做到沟内不留水，否则容易引起烂根减产。注意防治霜霉病、菌核病等。

产量表现 2011—2012 年度多点品比试验平均亩产（干品）145.9kg，比对照“浙胡 1 号”增产 10.5%；2012—2013 年度平均亩产（干品）139.8kg，比对照增产 9.4%。两年度平均亩产 142.9kg，比对照增产 10%。

适宜区域 浙江省内元胡主产区。

选育单位 东阳市农业技术推广中心

5. 薏苡新品种——浙薏 2 号

作物种类 薏苡 *Coix lacryma-jobi* L.

品种名称 浙薏 2 号

品种来源 原始材料来自浙薏 1 号，经辐射诱变而成。

鉴定情况 通过浙江省非主要农作物新品种鉴定。

鉴定编号 浙（非）审药 2014004

特征特性 生育期 175~180d，千粒重 143.6g，分蘖 13.7g，平均有效亩产量 211.2kg，种子饱满率 94.1%，甘油三油酸酯含量高于对照 10% 以上，对叶枯病表现为中抗，对黑穗病表现为抗病，略优于对照“浙薏 1 号”。

栽培技术要点　选择向阳稍低洼、不积水、平坦土地，肥沃的土壤或黏土为宜，薏苡对盐碱地、沼泽地的盐害和潮湿的忍受性较强，因此在这些地区发展薏苡生产是可行的。也可选择湖畔、河道和灌渠两侧等零星土地种植。过干的山地和砂丘如没有灌水条件的土地是不太适宜的。整地无特殊要求，土地经一般耕耙后，每隔2cm左右开一条沟（20~30cm深），作为渠道；下种采用育苗移栽法，此法具有节约土地面积、提高土地利用率、便于管理；田间管理：合理施肥，施基肥、追肥、苗肥、穗肥、粒肥等提高产量，田间水分管理以湿、干、水、湿干相间管理为原则，辅助授粉；病虫害及其防治：黑穗病、叶枯病的合理防治。

产量表现　“浙薏2号”亩产、甘油三油酸酯含量分别比“浙薏1号”提高8%和10%，抗病虫性和抗倒伏性强。

适宜区域　浙江省内薏苡主产区。

选育单位　浙江省中药研究所有限公司

6. 益母草新品种——浙益1号

作物种类　益母草 *Leonurus artemisia* (Laur.) S. Y. Hu F

品种名称　浙益1号

品种来源　原始材料来自河南灵宝野生种质资源，经驯化后系统选育而成。

鉴定情况 通过浙江省非主要农作物新品种鉴定。

鉴定编号 浙（非）审药2015003

特征特性 全生育期约330d，较对照长35d。株高190~200cm，呈方柱形。轮伞花序腋生，具8~15花，粉红或淡紫红色，坚果，长圆状三棱形，长约2mm，顶端截平，淡褐色，光滑，种子千粒重2.3g。当年生植株呈基生状，茎极短、株高40~50cm，分枝数1.5个，叶片数12~16张；基生叶圆心形，5~9浅裂，每裂片有2~3钝齿，叶色墨绿。经浙江省中药研究所有限公司检测，水苏碱含量3.12%，益母草碱含量0.228%，符合《中华人民共和国药典》2010年一部要求。

栽培技术要点 春播以3—4月为宜，秋播以8—9月为宜；亩播种量1.0kg；施足基肥，出苗后结合中耕除草，间苗2~3次，并施苗肥2~3次。

产量表现 2012年秋播多点评比试验，鲜品平均亩产1 283.9kg，比对照（义乌农家种）增产14.9%；2013年秋播平均亩产1 296.5kg，比对照增产12.7%。2013年春播平均亩产1 450.9kg，比对照增产15.2%；两年三茬平均亩产1 343.8kg，比对照增产14.3%。

浙益1号

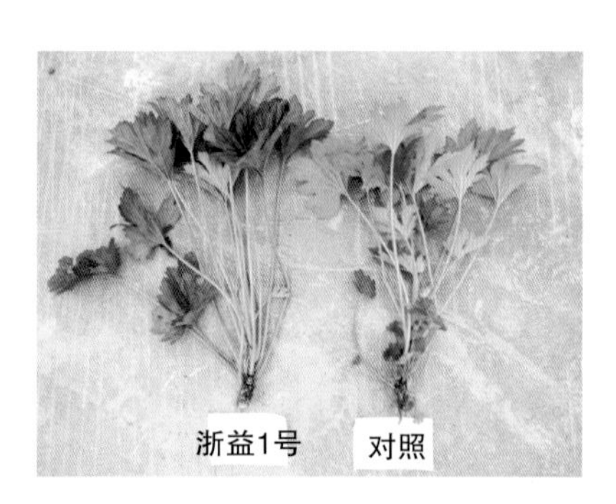

适宜区域　浙江省内益母草主产区。

选育单位　浙江省中药研究所有限公司

7. 西红花新品种——番红 1 号

作物种类　西红花 *Crocus sativus* L.

品种名称　番红 1 号

品种来源　原始材料来自地方品种变异株。

鉴定情况　通过浙江省非主要农作物新品种鉴定。

鉴定编号　浙（非）审药 2014002

特征特性　田间生育期 180d 左右，叶数 12~14 张，叶较狭，窄长线形，具 1 条叶脉，白色或灰白色，叶缘稍反卷；花瓣 6 片、兰紫色，长 4.2cm、宽 1.7cm；雄蕊 3 个、黄色；柱头深红色、3 根、长 3.1cm，有香味，据浙江省中药所测定，西红花 1 号西红花苷总量为 24.7%，高于《中华人民共和国药典》（2010 版）标准。

栽培技术要点　移栽前准备。选阳光充足、排灌方便、疏松肥沃、排水保肥性好、pH 值 5.5~7.0 的壤土或沙壤土种植。选取 20~25g 的球茎作为种球，栽种前深翻土壤，打碎土块，拣除前作残根，耙平田面并起沟整平作畦，畦宽 1.20~1.30m，沟宽 0.30m，深 0.25m 为宜，同时开好横沟；种球处理剥除种球黄褐色膜质鳞片，除净侧芽；施基肥，施入 45% 硫酸钾复合肥，栽种前在栽种沟内施用钙镁磷肥；播种期宜在 11 月上中旬，采花结束后选晴天及早播种，最迟不宜超过 12 月上旬；田间球茎生长管理，施肥、灌溉、除草、除侧芽、病虫防治。

产量表现　“番红 1 号”2 年区域试验每亩平均球茎、鲜花丝产量分别为 579.4kg 和 3 147.2g，分别比对照增产 41.6% 和 41.7%。新品种“番红 1 号”产量高、西红花苷含量高，且对腐败病具有较好的抗性。

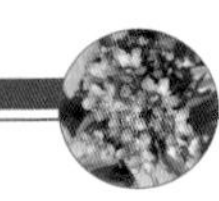

适宜区域 浙江省内西红花主产区。

选育单位 浙江中信药用植物种业有限公司

8. 铁皮石斛新品种——仙斛 2 号

作物种类 铁皮石斛 *Dendrobium officinale* Kimura et Migo

品种名称 仙斛 2 号

品种来源 原始材料来自野生铁皮石斛，经人工驯化而成。

鉴定情况 通过浙江省非主要农作物新品种鉴定

鉴定编号 浙（非）审药 2011001

特征特性 该品种植株高 30~50cm，茎丛生、青色、表面有紫色斑点，直径 0.6~1cm，节间腰鼓形、长 1.5~2.5cm；叶鞘不完全包被，叶矩圆状披针形，长 4~7cm，宽 1~2.5cm，厚 0.6~0.9mm，顶端微钩转，叶鞘具紫斑，鞘口张开，具长约 0.3mm 的明显黑节；总状花序生于茎的上部，长 2~4cm，花 3~5 朵；花被片黄绿色，长约 1.8cm；唇瓣不裂或不明显三裂，唇盘具紫红色斑点。田间种植成活率高。经浙江省食品药品检验所测定，多糖含量达 58%。

栽培技术要点 保护地基质栽种，宜 4—6 月移栽。

产量表现 2005—2008 年多点品比试验，平均亩产鲜品（茎叶产量）1 663kg，比对照云南软脚 782kg 和仙斛 1 号 1 425kg 分别增加 112.5% 和 16.6%；干品率为 21.05 %。

适宜区域 活树附生原生态栽培浙江省义乌、临安、杭州市萧山区海拔 300m 以下地区，以及省内生态环境相似地区。设施栽培适宜全省栽培。

选育单位 （浙江农林大学）金华寿仙谷药业有限公司

9. 铁皮石斛新品种——晶品 1 号

作物种类 铁皮石斛 *Dendrobium officinale* Kimura et Migo

品种名称 晶品 1 号

品种来源 杂交

鉴定情况 通过浙江省林木品种审定委员会林下经济作物审定。

鉴定编号 浙 R–SV–D0–015–2014

特征特性 具有典型的铁皮石斛形态特征，耐 –7℃低温，适合原生态栽培，3 月采收，经浙江省食品药品检验研究院检测，多糖含量 461mg/g，超过 2010 年版《中华人民共和国药典》标准 84.4%；浸出物含量 113mg/g，超过 2010 年版《中华人民共和国药典》标准 73.8%；茎粗壮，浅褐色；渣少，适合鲜食与加工。

栽培技术要点 研究了基质、光水气温等关键因素与铁皮石斛生长发育、功效成分动态变异的关系，形成了基质选择、光水气温

调控、采收方法与季节等栽培关键技术。

产量表现 “晶品 1 号”亩产鲜药材 275.8kg，比常规品种增产 61.3 %；一次栽培可连续采收 5 年以上。

适宜区域 浙江省内铁皮石斛主产区。

选育单位 浙江农林大学（金华寿仙谷药业有限公司、浙江寿仙谷生物科技有限公司、浙江寿仙谷珍稀植物药研究院、浙江省农业科学院园艺研究所）

10. 铁皮石斛新品种——仙槲 3 号

作物种类 铁皮石斛 *Dendrobium officinale* Kimura et Migo

品种名称 仙槲 3 号

品种来源 原始材料来自“514”和“仙槲 1 号”杂交 F_1 代，经航天诱变、分子标记辅育而成。

鉴定情况 通过浙江省非主要农作物品种委员会审定。

鉴定编号 浙（非）审药 2015001

特征特性 茎圆柱形，长 25~30cm，粗 4~6cm 不具分枝，节间长 0.8~1.4cm，具纵棱，紫色斑点明显。叶互生，约 20 片，叶片稍肉质，披针形，长 4~6cm，宽 1~2cm，先端微钝，边缘常带紫色斑点；基部具抱茎的叶鞘，有时叶鞘顶部边缘可超出上 1 茎节。花较多。经金华市食品药品检验检测研究院检测，干品浸出物含量 17.1%，多糖含量 34.2%，甘露糖含量 20.6%，甘露糖与葡萄糖峰面积比为 4 : 3。

栽培技术要点 适当稀植 7 万 ~8 万株，行距 20~25cm，株距 15~20cm，注意控花和高位芽。

产量表现 2010—2013 年度多点品比试验，全草采收带叶鲜品平均亩产 2 133.9kg，比对照“仙槲 1 号”，增产 26.6%；2011—2014 年度多点品比试验，平均亩产 2 140.3kg，比对照增产

27.0%；两轮平均亩产 2 137.1kg，比对照增产 26.8%。

适宜区域　浙江省内铁皮石斛主产区。

选育单位　金华寿仙谷药业有限公司、浙江寿仙谷医药股份有限公司、浙江寿仙谷珍稀植物药研究院、浙江省农业技术推广中心

11. 温郁金新品种——温郁金 2 号

作物种类　温郁金 *Curcuma aromatica* Salisb.

品种名称　温郁金 2 号

品种来源　原始材料来自温郁金 1 号变异株。

鉴定情况　通过浙江省非主要农作物新品种鉴定。

鉴定编号　浙（非）审药 2015002

特征特性　生长盛期株高 180~205cm，叶长 85~100cm，叶宽 21~25cm，萌发数 5.6 个。出苗至采收 228d。地下根茎个大，主根茎鲜品断面油层蛋黄色，呈长纺锤形，断面黄棕色至棕褐色；侧根茎姜黄粗短，呈不规则圆柱形；块根郁金呈规则的长纺锤形，表面灰褐色，断面灰白色或白色。莪术药材中挥发油含量约 5.5%（mL/g），符合《中华人民共和国药典》2010 版一部规定标准要求。

栽培技术要点 选择健壮粗短的二头或三头种茎，清明前后种植，行株距（100~120）cm ×（30~40）cm，及时中耕培土，防旱防涝，忌连作。

产量表现 2013 年多点品种比较试验，莪术、姜黄、郁金平均亩产分别为 287.1、159.6、86.5kg，依次比对照“温郁金 1 号”增产 10.00%、3.37%、18.82%；2014 年多点品种比较试验，莪术、姜黄、郁金平均亩产分别为 297.9kg、171.1kg、39.4kg，依次比对照“温郁金 1 号”增产 14.05%、17.84%、27.10%。

适宜区域 适宜在浙江省温郁金产区种植。

选育单位 浙江省中药研究所有限公司、浙江省亚热带作物研究所、温州市天禾生物科技有限公司、瑞安市陶山镇农业公共服务中心

12. 灵芝新品种——仙芝 2 号

作物种类 灵芝 *Ganoderma Lucidum* Karst

品种名称 仙芝 2 号

品种来源 原始材料来自“仙芝 1 号”，经航天诱变而成。

鉴定情况 通过浙江省非主要农作物新品种鉴定。

鉴定编号 浙（非）审菌 2014003

特征特性 “仙芝 2 号”菌丝生长适宜温度 25~28℃，出芝

温度范围 18~35℃，最适出芝温度 23~27℃，35℃以上子实体停止生长，38℃以上孢子停止弹射。子实体木栓质，有柄，菌盖肾形、半圆形或近似圆形，菌盖大小（14~22）cm×（16~26）cm，厚 1~2.6cm，盖面呈黄褐色至红褐色。菌肉白色或黄白色。菌管淡白色至褐色。菌柄中生或偏生，上粗下细，直径 1.5~3cm，长 10~18cm，呈紫褐色，具漆样光泽。孢子淡褐色至褐色，椭圆形至卵形，（7.9~12.2）μm×（4.7~7.8）μm。以 2010 年第一潮为对比，结果：仙芝 1 号较日芝、韩芝的粗多糖、三萜酸含量分别高出 73.4% 和 31.7%；64.6% 和 28.6%。仙芝 2 号较仙芝 1 号分别再提高 11.0% 和 21.3%。

栽培技术要点　段木栽培宜 11—12 月接种，翌年 3—9 月栽培出芝，9 月下旬至 10 月中旬采收。

产量表现　2011—2013 年，在武义、龙泉、江苏、安徽等地进行推广，“仙芝 2 号”均表现出良好的优势和稳定性。2011—2013 年在武义、龙泉、安徽、苏州等地进行推广，合计推广 360 余亩，新增经济效益 5 000 余万元。

适宜区域　该品种属常规种，孢子产量高、饱满度好，子实体厚实、商品性好，适宜在浙江省栽培。

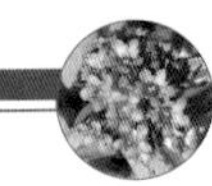

选育单位　浙江寿仙谷医药股份有限公司、金华寿仙谷药业有限公司、浙江寿仙谷珍稀植物药研究院

13. 山药新品种——温山药 1 号

作物种类　山药 *Dioscoreae rhizoma*

品种名称　温山药 1 号

品种来源　原始材料来自参薯变异株，经系统选育而成。

鉴定情况　通过浙江省非主要农作物新品种鉴定。

鉴定编号　浙（非）审药 2014005

特征特性　生育期 190~210d，比地方品种早熟 20d 左右；茎四棱形，右旋，直径 0.35~0.4cm，主茎蔓长 3.0~5.0m；叶片淡

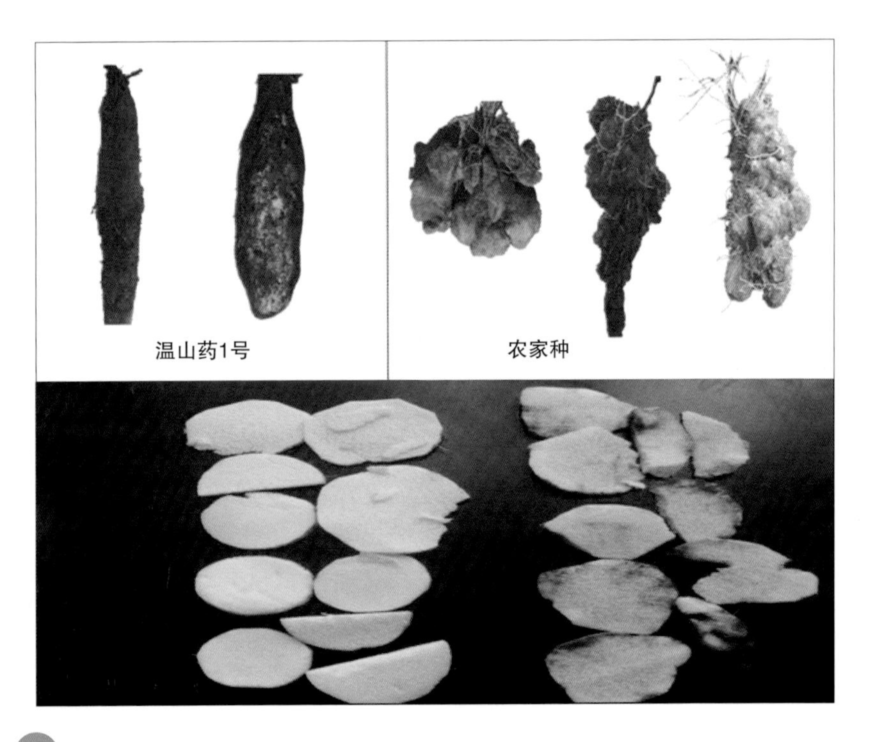

绿色，主茎叶长 16.0~20.5cm，叶宽 10.0~12.5cm，呈阔心形、顶端渐尖；地下块茎长纺锤形，长 48~62cm，具根毛，表面呈黄褐色，断面白色。干品经农业农村部农产品质量监督检验测试中心（杭州）检测多糖含量 10.8%，饮片性状经温州市药检所检测符合 2005 年版《浙江省中药炮制规范》要求。

栽培技术要点　选择土质疏松、排水良好、沙质壤土，4 月下旬至 5 月播种，用种量 180~220kg/ 亩、密度 1 300 株 / 亩左右。

产量表现　2011 年多点品比试验平均亩产干品 337.9kg，比地方品种增产 20.1%；2012 年平均亩产干品 358.7kg，比地方品种增产 27.7%；两年平均亩产干品 348.3kg，比地方品种增产 23.9%。

适宜区域　该品种属常规种，品质好，丰产性好，加工性能好，适宜浙江省温山药产区种植。

选育单位　浙江省亚热带作物研究所

八、广西壮族自治区中药材新品种选育情况

地区：广西壮族自治区

审批部门：广西壮族自治区农作物品种审定委员会

广西壮族自治区中药材新品种选育现状表

药材名	品种名	选育方法	选育年份	选育编号	选育单位
铁皮石斛	桂斛1号	筛选优良单株	2012	桂审药2012001号	广西农业科学院生物技术研究所
罗汉果	药园少籽1号	杂交组合	2015	桂审药2015002	广西壮族自治区药用植物园
罗汉果	永青1号	优良单株	2007	桂审药2007001	广西壮族自治区药用植物园

1. 铁皮石斛新品种——桂斛1号

作物种类 铁皮石斛 *Dendrobium officinale* Kimura et Migo

品种名称 桂斛1号

品种来源 原始材料来自广西西林县那佐苗族乡野生种子实生苗后代群体经过多年筛选优良单株而成。

鉴定情况 通过广西壮族自治区农作物品种审定委员会审定。

鉴定编号 桂审药2012001号

特征特性 该品种为利用以芽繁芽组培创新技术繁育良种，并

结合多年多点种植试验，选育出的铁皮石斛新品种。多年生，2年可第1次采收，而后每年采收一次，可连续采收获2~5次。根为须根系，根发于肉质茎基，埋入基质中的为白色，外露根常为绿色，无根毛，常跟某些菌根真菌共生盘爪于碎石或烂树皮表层。茎直立，圆柱形，不分枝，多节，中部茎直径在4.0~7.2 mm，株高常在15~60cm，中上部节间常形成黑节。叶互生，叶2列，叶片长椭圆形，先端急尖并略有钩转，茎叶紫色，花总状花序，萼片和花瓣淡黄绿色，披针形，唇瓣明显散裂，唇盘具紫色斑块，合蕊柱，药帽黄色，长卵状三角形。一般4—6月开花，花期2~3个月。果实为蒴果纵裂，每个果实中含有上万颗粉状种子，多数无胚乳。

栽培技术要点　以保护地栽培为宜，目前主要是在大棚中进行，可使用玻璃温室、镀锌管大棚或简易竹木结构大棚等设施。大棚要求配备有遮阳网、喷雾和灌溉设备，棚内搭建架空的高架种植畦上，容易控制调节温度、湿度、透气性等环境因素。栽培基质常主要以粉碎过的松树皮颗粒为主。基质在使用前应该经高温或自来水浸泡等方式消毒，可以起小畦或装杯种植。栽培最佳时间为3—6月，平均气温在15~28℃，栽培密度为100~150丛/m^2（每丛有2~4株苗），丛行距（8~10）cm×（10~12）cm，每亩栽8万~10万株。常见害虫主要有蜗牛、蛞蝓和某些螺类，它们为害幼茎、嫩叶，在畦四周撒施生石灰、茶麸、饱和食盐水，防止其爬入畦内为害。

产量表现　通过桂平、容县、南宁三个地区的不同农户试种观察，种植地为气候阴凉、早晚温差大的临山地方，种苗移栽种植20~24个月后可第一次采收，采收产量在100~ 420kg/亩，而后每隔12~14个月采收1次，正常管理均可采收2~5次，第2、第3次采收产量可达到250~500kg/亩。

适宜区域　适宜广西桂南、桂东铁皮石斛野生分布区种植。

选育单位 广西农业科学院生物技术研究所、广西植物组培苗有限公司

2. 罗汉果新品种——药园少籽 1 号

作物种类 罗汉果 *Siraitia grosvenorii*

品种名称 药园少籽 1 号

品种来源 原始材料来自广西壮族自治区药用植物园选育品种永青 1 号与“药园败雄 1 号”，经过杂交组合选育而成。

鉴定情况 通过广西农作物新品种审定。

鉴定编号 桂审药 2015002

特征特性 “药园少籽 1 号”新品种植株健壮，主茎粗 0.72~0.96cm、青色；叶柄长 4.09~6.24cm，叶片绿色、心形，叶长 17.6~21.0cm，叶宽 11.4~14.50cm；子房绿色、被银色柔毛，花五瓣、黄色；果柄长 0.3~0.9cm，幼果浅青色、卵圆形，成熟果实青色、长圆形、横径 4.64~5.29cm、纵径 5.39~5.85cm、单果重 50.5~66.04g、含 0~7 粒发育不全种壳，果肉饱满细腻、占鲜果重 60.52%~66.65%，内含物含量水浸出物 35.7%、总糖 20.8%、总苷 3.92%、甜苷Ⅴ 1.3%。

产量表现 果实亩产量 13 000~19 000 个。

适宜区域 适宜在广西中北部地区种植。

选育单位　广西壮族自治区药用植物园

3. 罗汉果新品种——永青 1 号

作物种类　罗汉果 *Siraitia grosvenorii*

品种名称　永青 1 号

品种来源　原始材料来自广西永福县龙江乡青皮果农家栽培品种实生优良单株。

鉴定情况　通过广西农作物新品种审定。

鉴定编号　桂审药 2007001

特征特性　永青 1 号植株健壮，主茎粗 0.5~1.1cm。叶片心脏形，先端急尖，长 11.0~15.5cm，宽 10.0~13.5cm，叶柄长 3.5~ 6.0cm，柄粗 0.3~0.45cm，叶基半闭合。花期 6 月中旬至 9 月中旬，子房略被红色腺毛，子房横径 0.6~0.8cm，纵径 1.1~1.8cm，幼果浅黄绿色。9 月下旬至 10 月上旬果实开始成熟，成熟果皮青绿，果柄长，果皮纵纹清晰，被细短柔毛，果实长矩圆形，整齐美观，果实大，横径 4.9~8cm，纵径 5.2~10cm。大果特果比例高，果肉饱满，不裂果，烘干无响果。二级蔓果实较三级蔓果实纵径更长，颜色更深，纵纹更清晰。主要内含物成分维生素 C、总苷、甜苷 V 、水浸出物及总糖含量，分别为 302mg/100g、8.84%、1.03%、37.9%、17.4%。

产量表现　亩产达 11 035 个，中果以上亩产 10 281 个，大果特果率高达 73.48%。

适宜区域　适宜在广西中北部地区种植。

选育单位　广西壮族自治区药用植物园、桂林亦元生现代生物技术有限公司

九、四川省中药材新品种选育现状

地区：四川

审批部门：四川省农作物品种审定委员会

中药材品种审批依据归类：四川省农作物品种审定办法

四川省中药材新品种选育现状表

药材名	品种名	选育方法	选育年份	选育编号	选育单位
白芷	川白芷1号	系统选育	2007	川审药2007001	遂宁市银发白芷产业有限公司
附子	中附1号	系统选育	2009	川审药2009001	四川省中医药科学院、四川农业大学
附子	中附2号	系统选育	2009	川审药2009002	四川省中医药科学院、四川农业大学
附子	川附2号	系统选育	2009	川审药2009003	西南科技大学
红花	川红花2号	系统选育	2009	川审药2009004	四川省农业科学院经济作物育种栽培研究所
灵芝	药灵芝1号	系统选育	2009	川审药2009005	德阳市食用菌专家大院
赶黄草	赶黄草1号	系统选育	2010	川审药2010001	四川省农业科学院经济作物育种栽培研究所
石斛	川科斛1号	系统选育	2010	川审药2010002	中国科学院成都生物研究所
麦冬	川麦冬1号	系统选育	2010	川审药2010003	西南交通大学
川芎	川芎1号	系统选育	2010	川审药2010004	四川省中医药科学院

（续表）

药材名	品种名	选育方法	选育年份	选育编号	选育单位
郁金	黄丝郁金1号	系统选育	2010	川审药2010005	四川省中医药科学院
天麻	川天麻金乌1号	系统选育	2011	川审药2011001	西南交通大学、乐山市金口河区森宝野生植物开发公司、乐山市金口河区生产力促进中心
丹参	川丹参1号	系统选育	2011	川审药2011002	四川农业大学
灵芝	药灵芝2号	系统选育	2011	川审药2011003	德阳市食用菌专家大院
紫苏	川紫1号	系统选育	2011	川审药2011004	四川农业大学
川芎	绿芎1号	系统选育	2011	川审药2011005	成都中医药大学、四川农业大学
白芷	川芷2号	系统选育	2012	川审药2012001	四川农业大学
牛膝	宝膝1号	系统选育	2012	川审药2012002	四川农业大学、雅安三九中药材科技产业化有限公司
丹参	中丹1号	系统选育	2012	川审药2012003	四川省中医药科学院
天麻	川天麻金红1号	系统选育	2013	川审药2013001	西南交通大学、乐山市金口河区森宝野生植物开发有限公司、乐山市金口河区生产力促进中心、四川千方中药饮片有限公司
麦冬	川麦冬2号	系统选育	2013	川审药2013002	西南交通大学、四川代代为本农业科技有限公司、四川千方中药饮片有限公司

（续表）

药材名	品种名	选育方法	选育年份	选育编号	选育单位
藁本	诚隆1号	系统选育	2013	川审药2013003	四川诚隆药业有限责任公司
蓬莪术	川蓬1号	系统选育	2013	川审药2013004	成都中医药大学、四川金土地中药材种植集团有限公司
红花	川红花3号	系统选育	2014	川审药2014001	四川省农业科学院经济作物育种栽培研究所
川芎	新绿芎1号	系统选育	2014	川审药2014002	四川新绿色药业科技发展股份有限公司
川射干	川射干1号	系统选育	2014	川审药2014003	四川省中医药科学院
附子	中附3号	系统选育	2014	川审药2014004	四川省中医药科学院
半夏	川半夏1号	系统选育	2015	川审药2015001	成都中医药大学、成都格瑞恩勤恳农业科技开发有限公司
赶黄草	赶黄草2号	系统选育	2015	川审药2015002	四川省农业科学院经济作物育种栽培研究所
柴胡	川红柴1号	系统选育	2015	川审药2015003	四川德培源中药材科技开发有限公司、中国医学科学院药用植物研究所、四川农业大学、西南科技大学
柴胡	川北柴1号	系统选育	2015	川审药2015004	四川德培源中药材科技开发有限公司、中国医学科学院药用植物研究所、四川农业大学、西南科技大学

（续表）

药材名	品种名	选育方法	选育年份	选育编号	选育单位
川贝母	川贝1号	系统选育	2015	川审药2015005	成都恩威投资（集团）有限公司、康定恩威高原药材野生抚育基地有限责任公司
瓜蒌	川瓜蒌1号	系统选育	2015	川审药2015 006 2015	成都理工大学、四川回春堂药业连锁有限公司
石斛	川科斛2号	系统选育	2015	川审药2015007	中国科学院成都生物研究所
灵芝	宇泽灵芝	系统选育	2015	川审药2015008	四川省中医药科学院
灵芝	三祥灵芝	系统选育	2015	川审药2015009	德阳市食用菌专家大院
云芝	云芝1号	系统选育	2015	川审药2015010	四川省中医药科学院
姜黄	川姜黄1号	系统选育	2016	川审药2016001	成都中医药大学、四川智佳成生物科技有限公司
蓬莪术	川蓬2号	系统选育	2016	川审药2016002	成都中医药大学、四川智佳成生物科技有限公司
益母草	川益1号	系统选育	2016	川审药2016003	成都中医药大学、成都壹瓶科技有限公司
天麻	川天麻金绿1号	系统选育	2016	川审药2016004	西南交通大学、四川金土地中药材种植集团有限公司、江油市明东生态农业开发有限公司、阿坝州九寨沟汇康中药材开发有限公司、南江县昌全中药材种植专业合作社

（续表）

药材名	品种名	选育方法	选育年份	选育编号	选育单位
附子	中附4号	系统选育	2016	川审药2016005	四川省中医药科学院
云芝	仙山云芝	系统选育	2016	川审药2016006	四川省中医药科学院
何首乌	攀首乌1号	系统选育	2016	川审药2016007	攀枝花市农林科学研究院
石斛	乐斛1号	系统选育	2016	川审药2016008	乐山农业科学研究院、乐山市乐福生物科技有限责任公司
金银花	南银1号	系统选育	2016	川审药2016009	南江县农业局

1. 白芷新品种——川白芷 1 号

作物种类　白芷 *Angelica dahurica*

品种名称　川白芷 1 号

品种来源　原始材料来自川白芷 [*Angelica dahurica*（Fisch.）Benth. et Hook var. *formosana*（Boiss.）Shan et Yuan] 现有混杂群体，经过系统选育而成。

鉴定情况　通过四川省农作物品种审定委员会审定。

鉴定编号　川审药 2007001

特征特性　生育期 587~617d（种子繁育 304~324d，商品生产 283~293d）。① 留种植株：长势旺、分枝多，平均株高 1.50m 以上，杆硬，抗倒；种子千粒重≥ 3.2g，发芽率≥ 70%。② 药用植株：叶柄紫色，株型紧凑矮健，生长健壮，早期抽苔率低，适应性强。

栽培技术要点

种子繁育：① 选地：选深厚肥沃、排灌方便、光照充足、无污染的土壤。② 选好种根：采挖白芷商品时，选择叶柄紫色、根形好、无损伤、无病虫害、长度 20~25cm，根头直径 2.5~3.0cm 的作种。③ 种植要点：假植种根，种植密度 1m × 1m；参照商品白芷生产进行田间管理，隔离区在 500m 以上。④ 种子收贮：6—7 月分批采收成熟饱满种子，阴干。种子安全含水量≤ 12%。用麻袋或布袋贮种。

商品生产： ① 适时播种：用当年繁育的种子，9 月下旬至 10 月上旬，按行距 40~45cm 进行条播。② 间苗、定苗：翌年 2 月上、中旬苗高约 15cm 时定苗，株距 10~15cm；适时中耕除草。③ 施肥：以有机肥为主，采用稳前、顾中、保尾的施肥原则，结合整地施足腐熟有机肥，每亩配施 P_2O_5 4kg、K_2O 4.5kg，翻入土中。④ 拔除早期抽苔苗：4 月上、中旬，及时拔除早期抽苔植株。⑤ 适时采收：7 月上中旬，叶片枯黄时，选择晴天采挖，干燥。其他种植技术详见《川白芷生产质量管理规范》及其无公害生产技术规程。

产量表现 2002、2003 年品种比较试验，每亩平均白芷药材产量分别为 300.30kg 和 326.50kg，比当地农户自留种（对照）增产 12.50% 和 14.90%。2004 年 7 月对田间现场测产验收，平均产量每亩为 324.20kg，比对照增产 14.42%，其中优级商品率达 84.41%。药材品质：川白芷 1 号符合中国药典 2005 年版要求，体重，质坚实，断面白色，粉性，气芳香、味辛、微苦；经测定，欧前胡素含量为 0.25%（药典为 0.08%），醇浸出物 26.90%，高于对照品种；总灰分 3.60%，低于对照品种。

适宜区域 四川遂宁为中心的涪江流域。

选育单位 遂宁市银发白芷产业有限公司

2. 附子新品种——中附 1 号

作物种类　附子 *Aconitum carmichaeli* Debx

品种名称　中附 1 号

品种来源　原始材料来自青川产乌头（*Aconitum carmichaoli* Debx.）种质资源，经过系统选育而成。

鉴定情况　通过四川省农作物品种审定委员会审定。

鉴定编号　川审药 2009001

特征特性　生育期 200d 左右。株高 42~47cm，茎绿色，叶色黄绿，质地较软，叶片外缘略下垂，裂片张度小，中裂片宽，叶片较大，须根较多，块根大，形状纺锤形。经成都市药品检验所测定，品质符合《中华人民共和国药典》（2005 版一部）的规定。

栽培技术要点　① 适时播种：四川江油主产区于 11 月下旬至 12 月初栽种。② 合理密植：开厢栽种，厢宽 50cm，沟心距 95cm，沟深 10cm。每厢按丁字错位两行栽种，行距 16cm，株距 16cm，亩栽约 8 700 株；栽前浸种种根。③ 合理施肥：施足底肥，3 月初施催苗肥，4 月初施绿肥壮苗，5 月上旬施壮根肥，均以有机肥为主。④ 修根、打尖和掰芽：分别于春分至清明前后、立夏前后进行修根；第一次修根后 7~8d 开始打尖，每株留叶 6~8 片，叶小而密的可留 8~9 片；随时掰除腋芽，一般每周 1~2 次，摘尽为止。⑤ 间作：冬季间种莴苣等蔬菜，春季在附子畦边阳面间种玉米。⑥ 加强田间管理：人工拔除杂草，土壤干燥时及时灌水，大雨后及时排出积水。苗期发现霜霉病株及时拔除，夏季发现白绢病株及时连土挖取倒在水田或深埋在土里，并在病穴撒石灰粉。⑦ 适时采收：夏至后收获，过迟易烂根。⑧ 忌长期连作，至少 2~3 年需换地种植。

产量表现　2007、2008 两年品系比较试验平均亩产分别为 228.55kg 和 219.10kg，分别比对照大田生产常规品系增产 22.6%

和 27.48%，差异极显著。2008 年生产试验平均亩产 217.70kg，比对照大田生产常规品系增产 26.61%。

适宜区域 四川“江油附子”适宜种植区。

选育单位 四川省中医药科学院、四川农业大学

3. 附子新品种——中附 2 号

作物种类 附子 *Aconitum carmichaeli* Debx

品种名称 中附 2 号

品种来源 原始材料来自平武乌头（*Aconitum carmichaoli* Debx）种质资源，经过系统选育而成。

鉴定情况 通过四川省农作物品种审定委员会审定。

鉴定编号 川审药 2009002

特征特性 生育期 200d 左右。株高 45~51cm，茎色浓绿，叶色浓绿，质地较硬，叶片向上直立，裂片张度大，中裂片窄，叶片中等，须根较少，块根较大，纺锤形偏圆形。经成都市药品检验所测定，品质符合《中华人民共和国药典》（2005 版，一部）的规定。

栽培技术要点 ① 适时播种：四川江油主产区于 11 月下旬至 12 月初栽种。② 合理密植：开厢栽种，厢宽 50cm，沟心距 95cm，沟深 10cm。每厢按丁字错位两行栽种，行距 16cm，株距 16cm，亩栽约 8 700 株；栽前浸种种根。③ 合理施肥：施足底肥，3 月初施催苗肥，4 月初施绿肥壮苗，5 月上旬施壮根肥，均以有机肥为主。④ 修根、打尖和掰芽：分别于春分至清明前后、立夏前后进行修根；第一次修根后 7~8d 开始打尖，每株留叶 6~8 片，叶小而密的可留 8~9 片；随时掰除腋芽，一般每周 1~2 次，摘尽为止。⑤ 间作：冬季间种莴苣等蔬菜，春季在附子畦边阳面间种玉米。⑥ 加强田间管理：人工拔除杂草，土壤干燥时及时灌水，大雨后及时排出积水。苗期发现霜霉病株及时拔除，夏季发现白绢病株及

时连土挖取倒在水田或深埋在土里，并在病穴撒石灰粉。⑦ 适时采收：夏至后收获，过迟易烂根。⑧ 忌长期连作，至少 2~3 年需换地种植。

产量表现　2007、2008 两年品系比较试验平均亩产分别为 212.52kg 和 197.67kg，分别比对照大田生产常规品系增产 20.94% 和 21.77%，差异极显著。2008 年生产试验平均亩产 192.72kg，比对照大田生产常规品系增产 18.88%。

适宜区域　四川“江油附子”适宜种植区。

选育单位　四川省中医药科学院、四川农业大学

4. 附子新品种——川附 2 号

作物种类　附子 *Aconitum carmichaeli* Debx

品种名称　川附 2 号

品种来源　原始材料来自青川乌头（*Aconitum carmichaoli* Debx）混合群体中的自然变异株，经系统选育而成。

鉴定情况　通过四川省农作物品种审定委员会审定。

鉴定编号　川审药 2009003

特征特性　生育期 285d 左右。株高约 131cm，株型较紧凑，叶片卵圆形、掌状 3 深裂，茎圆形、直立，子根数 10.5 个，子根总重 93.6g，花蓝紫色，花瓣盔形。中部叶中裂片菱形，中裂片叶缘大粗齿，叶片质感偏软。耐高肥水；田间表现对白绢病、霜霉病的抗性较好。经四川省食品药品检验所测定，品质符合《中华人民共和国药典》（2005 版，一部）的规定。

栽培技术要点　① 适时播种：11 月下旬至 12 月上旬，100cm 开厢，行 24cm、株距 15cm 双行错窝栽培。② 修根留绊：清明前后，苗高 16~20cm，摘茎基部 3~4 片，刨开根部土，留 2 个最大的绊，其余的绊全部铲掉。1 个月后进行第 2 次，忌伤底根。③ 打

顶：植株高35~45cm，茎叶8~10片时去掉顶芽及以下的全部腋芽。④ 施肥：以有机肥为主，施足底肥，适当增施磷肥、油枯。结合整地施基肥，将腐熟厩肥、油枯、磷肥翻入土中。追肥2次，分别在3月中下旬与立夏前后进行，以腐熟清粪水配合少量氮、磷、钾素（亩施有效量各2kg左右），窝边浇灌。⑤ 适时采收：6月下旬至7月上旬，选择晴天采挖，立即加工炮制。

产量表现 2007、2008两年多点品系比较试验，平均亩产分别为192.11kg和233.3kg，分别比江油主栽附子“青川种”增产19.52%和20.30%，两年平均亩产212.22kg，比对照增产19.91%，增产点100%，差异极显著。2008年度生产试验平均亩产197.52kg，比对照增产19.69%。

适宜区域 四川“江油附子”适宜种植区。

选育单位 西南科技大学

5. 红花新品种——川红花2号

作物种类 红花 *Carthamus tinctorius* L.

品种名称 川红花2号

品种来源 原始材料来自菊科植物红花 *Carthamus tinctorius* L.，简阳红花地方品种，采用系统选育法选育而成。

鉴定情况 通过四川省农作物品种审定委员会审定

鉴定编号 川审药2009004

特征特性 生育期208d左右。株高约130cm，叶色浓绿，分枝高度66.6cm，果球呈扁平状，果球直径2.6cm，平均单株果球数14.4个，苞叶卵圆形，苞叶位于果球基部，苞叶少并有少量的小软刺，开花集中、采花方便，花色橘红，种子千粒重54.5g。经四川省食品药品检验所测定，红花药材的吸光度0.41、浸出物38.6%、山柰素0.252%等有效成分指标符合《中华人民共和国药典》(2005 版，一部) 的规定。

栽培技术要点 ① 播期：适宜 10 月中下旬至 11 月上旬播种。② 密度：10 000~12 000 株 / 亩。③ 施肥：亩施纯氮 8~10kg (底肥 15%，苗肥 40%，分枝期追肥 45%)；亩施 P_2O_5 4~5kg (底肥 40%，追肥 60%)；亩施 K_2O 8~10kg (底肥 40%，追肥 60%)。④ 田间管理：除草 2~3 次，最后一次在封行前进行，同时培土，以防倒伏。3 月中下旬开花前重点防治蚜虫为害；4 月下旬开花时上午采收，5 月底收种。

产量表现 2007、2008 两年多点试验平均亩产红花 19.41kg，比对照品系“简阳红花”增产 18.14%；2008 年生产试验平均亩产红花 20.1kg，比对照品系“简阳红花”增产 17.19%，增产极显著。

适宜区域 四川红花种植区。

选育单位 四川省农业科学院经济作物育种栽培研究所

6. 灵芝新品种——药灵芝 1 号

作物种类 灵芝 *Ganoderma lucidum*

品种名称 药灵芝 1 号

品种来源 原始材料来自野生灵芝 [赤芝 *Ganoderma lucidum* (Leyss. es Fr.) Karst] 菌株，筛选获得的优良菌种。

鉴定情况 通过四川省农作物品种审定委员会审定。

鉴定编号 川审药 2009005

特征特性 生育期约 125d。子实体呈扇形，菌盖厚度 1.0~2.0cm，半径 5.1~9.3cm，菌柄直径 1.0~1.9cm，长度 5.7~9.5cm，性状表现稳定一致。经四川省食品药品检验所测定，内在品质 (水分、总灰分、酸不溶性灰分、浸出物、多糖含量) 符合《中华人民共和国药典》(2005 版，一部) 的规定。

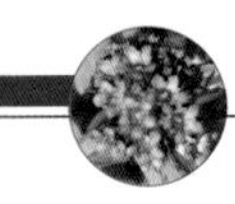

栽培技术要点 ①段木栽培应以阔叶杂木为宜。②段木含水量适宜，保持断面中部有1~2cm的微小裂口即可。③接种过程中，应使接种块与断面良好接触，使菌丝尽快定植。④菌棒接种后在20~25℃条件下遮光培养，保持培养室通风干燥。当菌丝在段木内长透，少数段木有豆粒大小原基发生时，移室外脱袋覆土栽培。⑤菌丝生长过程中，若水珠产生过多，应及时排除，避免影响菌丝生长。⑥出芝场地不能过于干燥或过于潮湿，菌木放好后，淋（透）水一次，盖地膜保持土壤湿润。

产量表现 2005、2006两年品系比较试验，平均产量分别为26.56和26.63g/kg段木，分别比对照“灵芝G26”增产10.88%和10.36%，差异极显著。2007年生产试验产量为26.7g/kg段木，比对照增产10.79%。

适宜区域 四川灵芝生产区。

选育单位 德阳市食用菌专家大院

7. 赶黄草新品种——赶黄草1号

作物种类 赶黄草 *Penthorum chinense* Pursh.

品种名称 赶黄草1号

品种来源 原始材料来自古蔺赶黄草地方品种，采用系统选育法选育而成。基源鉴定为虎耳草科（Saxifragaceae）扯根菜属（Penthorum）赶黄草（*Penthorum chinense* Pursh.）。

鉴定情况 通过四川省农作物品种审定委员会审定。

鉴定编号 川审药2010001

特征特性 赶黄草1号生长期150d左右。植株高125cm左右，较抗倒伏；茎秆粗壮，茎淡红色，分枝多，平均15.4个，分枝节位低；叶互生，无柄或近无柄，叶片细长、披针形，长约15cm，宽2.6cm，先端渐尖，基部楔形，边缘有细锯齿，两面无毛，叶脉不明显，叶色浓绿，叶片数较多，平均 83.4 片；花期 8 月 25 日前后，果期 9 月 20 日前后，开花集中；蒴果红紫色，种子多数，种子长卵形、极小，直径 200~240μm，千粒重 10~11mg。地上部全草入药，药材总灰分 7.3%、酸不溶性灰分 0.68%，浸出物 20.5%，槲皮素 0.26%，优于古蔺赶黄草对照种。

栽培技术要点 ① 育苗：在 2 月底至 3 月上旬育苗，选水田 1.5m 开厢，厢面平，薄层水；种子清水浸泡（12 小时）后凉干水气，与草木灰拌合撒于厢面；播种后盖透明膜。② 苗床管理：播种后 10~15d 出苗，苗高 1~2cm 揭膜，揭膜后除草，施清粪水一次提苗。③ 移栽：当苗高达到 20cm 时，选健壮苗移栽，密度 3 万株 / 亩。④ 施肥：底肥亩施有机肥 1 000kg，亩施纯氮肥（N）18kg，磷肥（P_2O_5）6kg，钾肥（K_2O）。⑤ 田间管理：进行 2~3 次除草，中后期防治蚜虫、红蜘蛛等病虫害。⑥ 收获：于初花期选择晴天收割，宿根地留茬高 10cm。收割后晾干水气后运回阴干或烘干。

产量表现 产量高，2007—2008 年 2 年多点试验，平均亩产 576.81kg，居试验第 1 位，比对照增产 20.5%，增产极显著；2009 年生产试验，平均亩产药材 580.1kg，比对照增产 23.1%，增产极显著。

适宜区域 四川赶黄草适宜生产区。

选育单位 四川省农业科学院经济作物育种栽培研究所

8. 石斛新品种——川科斛 1 号

作物种类 石斛 *Dendrobium nobile*

品种名称 川科斛 1 号

品种来源 原始材料来自四川夹江人工栽培群体，通过系统选育而成。基源鉴定为兰科石斛属植物叠鞘石斛 *Dendrobium* *denneanum* Kerr。

鉴定情况 通过四川省农作物品种审定委员会审定。

鉴定编号 川审药 2010002

特征特性 多年生，茎直立，圆柱形，不分枝，具多节；叶革质，2 列，线形或狭长圆形，先端钝并且微凹或有时近锐尖而一侧稍钩转，基部具鞘，叶鞘紧抱于茎。植株茎长平均 53.3cm，茎粗平均 0.5cm，单茎鲜重平均 7.8g。植株分蘖力较强，生长旺盛，群体整齐性、一致性好，抗病性较强。

栽培技术要点 适当浇水，保持湿润的气候条件，忌浇水过多，避免积水烂根。3—4 月每月施农家肥 1 次，5、6 月可选用腐熟的农家肥上清液或含 N、P、K 的多元复合肥水溶液施用，每亩 1 000kg，浓度宜低不宜高，以免造成烧根。注意施肥水时间要在清晨露水干后进行，严禁在烈日当空的高温下施用肥水。每年除草 2 次，第 1 次在 3 月中旬至 4 月上旬，第 2 次在 11 月，将石斛株间和周围的杂草及枯枝落叶除去，在夏季高温季节，不宜除草。栽种 5 年后，除去枯朽老根，进行分株，以促进植株的生长和增产增收。主要防治黑斑病，用 50% 多菌灵 1 000 倍液喷雾 1~2 次。每年 10 月至翌年 2 月，采收已生长 2~3 年的茎。

产量表现 两个生长周期多点试验，鲜茎平均亩产分别为 1 051.65kg 和 1 070.4kg；分别比对照增产 210.8% 和 212.2%，增产极显著。2009 年生产试验，平均亩产 901.4kg，比对照增产 223.9%，增产极显著。外观形状和内在品质与对照一致。

适宜区域 四川石斛道地产区。

选育单位 中国科学院成都生物研究所

9. 麦冬新品种——川麦冬 1 号

作物种类 麦冬 *Ophiopogon japonicus*

品种名称　川麦冬 1 号

品种来源　原始材料来自三台川麦冬混合种质中的自然变异株，经系统选育而成。基源鉴定为百合科沿阶草属植物麦冬 *Ophiopogon japonicus*（Thumb.）Ker–Gawl.。

鉴定情况　通过四川省农作物品种审定委员会审定。

鉴定编号　川审药 2010003

特征特性　川麦冬 CM–1 全生育期约 305 天，植株深绿，花茎较短，紫色间有绿色，花紫白色。株型直立紧凑，平均株高 22cm，分蘖数约 5 个，叶形细长，叶片约 63 片，叶片长约 24cm，叶宽约 3mm。分蘖繁殖，发根早、返青快；须根粗壮，块根总数约 38 个，商品块根粗大，单株平均鲜重 12.8g，优级品寸冬约 3.9g，寸冬率 30.44%。经四川省药品检验所测定，CM–1 药材均符合《中华人民共和国药典》（2005 年版，一部）麦冬的各项质量标准规定。

栽培技术要点　4 月上旬栽种，选用 1 年生单蘖健壮规范种苗。前作收获后翻耕炕土。每亩用腐熟有机肥 2 000~3 000kg，配合撒施 N 5~6kg、P_2O_5 7~9kg、K_2O 10~14kg 的化学单质肥料或等量养分的复合肥，均匀撒入土中，耙细整平开厢，厢宽 150~200cm、沟宽 25cm、沟深 20cm。种植密度 10 万 ~12 万苗 / 亩，按株行距（8~10）cm × 10cm、穴深 3~4cm 栽植，每窝栽 1 苗，扶正压实。栽完后立即灌水淹苗，保持土壤湿润直至返青成活。及时补植同级种苗。适时追施：苗肥（4—5 月）、分蘖肥（6—7 月）、秋肥（11 月）和春肥（2 月），追肥的 N ∶ P_2O_5 ∶ K_2O 适宜比例为 1.0 ∶ 0.5 ∶ 0.9。7—8 月和 9—10 月浅中耕，不定期人工拔除杂草。8—9 月选择阴天或晴天对麦冬植株断根。9—10 月用多效唑吃对水泼施 1~2 次，每亩施用量不得过 3kg。其余栽培管理按常规进行。翌年 4 月上旬选晴天适时采收与加工。

产量表现 2007、2008 年度多点试验，CM-1 品系块根鲜品和干品平均产量 1 010.3 和 311.5kg/ 亩，比对照品系平均增产 17.5% 和 17.6%；寸冬鲜品和干品平均产量分别为 320.5 和 98.2kg/ 亩，比对照品系平均增产分别为 24.0% 和 25.1%；增产点 100%，差异极显著。2008 年度三台县同田对比试验（生产试验），块根和寸冬分别比对照品系增产 17.5%和 23.9%。

适宜区域 四川川麦冬道地产区。

选育单位 西南交通大学

10. 川芎新品种——川芎 1 号

作物种类 川芎 *Ligusticum chuanxiong* Hort.

品种名称 川芎 1 号

品种来源 原始材料来自川芎道地产区都江堰石羊镇的优良单株，经系统选育而成。基源经鉴定为伞形科植物川芎（*Ligusticum chuanxiong* Hort.）

鉴定情况 通过四川省农作物品种审定委员会审定。

鉴定编号 川审药 2010004

特征特性 具有川芎的典型特征，全株高 50~65cm。苓子 10d 发芽率≥ 80%，出苗整齐。植株早期生长快，幼苗株高较高、冠幅较大。总灰分 <6.0%，酸不溶性灰分 <2.0%，浸出物>30.0%，符合《中华人民共和国药典》（2005 年版，一部）标准。

栽培技术要点 ① 遵循“山区育苓，坝区种芎”的原则。② 在每年 12 月前后，选择根茎饱满、无病虫害的奶芎在海拔 1 000~1 500 m 的山区向阳地上进行育苓。育苓过程中，控制施肥，以防旺长。③ 坝区栽种川芎要选择疏松砂质壤土，要求灌溉方便、排水良好、肥力较高、地势平坦、光照充足的土地。按主产区川芎生产技术进行种植。小满前后及时采收加工。

产量表现　经两个生长周期多点试验，平均亩产分别为209.9kg和214.3kg，分别比对照CX-13增产13.2%和12.6%，差异极显著。2008—2009年度生产试验平均亩产213.9kg，比对照增产11.9%。

适宜区域　四川川芎道地产区。

选育单位　四川省中医药科学院

11. 郁金新品种——黄丝郁金1号

作物种类　郁金 *Curcuma aromatica* Salisb

品种名称　黄丝郁金1号

品种来源　原始材料来自缅甸引进的姜黄群体，经系统选育而成，基源鉴定为姜科姜黄属植物姜黄（*Curcuma longa* L.）。

鉴定情况　通过四川省农作物品种审定委员会审定。

鉴定编号　川审药2010005

特征特性　生育期约183d，平均株高87.5cm，株型稳定；叶片绿色，叶鞘和叶柄紫红色，叶片长且厚，叶柄和叶鞘均较长，叶片数平均10.4片；单株叶面积大，光合作用好；主根茎纺锤形，较大；侧根茎粗壮，分支少，呈长圆柱形；块根大、个数多，纺锤形，平均含水率77.5%。内在品质符合《中华人民共和国药典》（2005年版一部）标准。

栽培技术要点　① 栽种：夏至后一周内栽种。② 备种：本品为无性繁殖，纵切主根茎，较大侧根茎折断成小块，保证每块根茎上应有芽苞1~2个。③ 栽种方式：穴栽。穴深6~7cm，行与行间栽穴交错排列，每穴栽根茎4块。④ 合理密植：亩栽种4 200窝，行距40cm，穴距40cm。⑤ 施肥：施足底肥，早施提苗肥，重施壮根肥，多施有机肥，适当增施钾肥。⑥ 灌排水：播种后应及时灌水或淋水1次。苗期采取多次少灌技术，雨季注意排水。⑦适时采收：12 月底至翌年 2 月。

产量表现　2008 年和 2009 年连续两年度参加品种比较试验，平均亩产黄丝郁金分别为 151.2kg 和 146.2kg，分别比对照增产 37.4% 和 36.8%，差异极显著。2009 年度生产试验平均亩产黄丝郁金 145.8kg，较对照增产 37.5%。

适宜区域　四川郁金适宜生产区。

选育单位　四川省中医药科学院

12. 天麻新品种——川天麻金乌 1 号

作物种类　天麻 *Gastrodia elata* Bl.

品种名称　川天麻金乌 1 号

品种来源　原始材料来自四川西南天麻野生混合种质中的自然变异株经系统选育而成。基源为兰科植物乌天麻（*Gastrodia elata* Bl.f.glauca S.Chow.）。

鉴定情况　通过四川省农作物品种审定委员会审定。

鉴定编号　川审药 2011001

特征特性　有性繁育天麻全生育期约 526d，植株无根无叶，地上茎高大粗壮，平均株高 150cm，灰棕色，带白色纵条纹；花被片兰绿色；蒴果大、灰棕色；种子细小，粉末状。块茎粗壮肥大，椭圆形或卵状长椭圆形，表面黄色或淡棕色，表面具黑褐色环纹及针眼，顶生芽大、灰棕色，最大单个鲜重 800g，平均含水率 31.9%，优级品率 45.1%。

栽培技术要点　① 备种：选高山野生天麻的萌发菌——密环菌培育优质有性繁殖种源。② 栽种：11 月至翌年 3 月，采用活动菌床法栽种，下垫疏松腐殖质土，上面撒一层枯枝、落叶，顺坡排放菌材，播种白麻，间距 15cm，菌材两端各放 1 个白麻，菌床用腐殖质土或沙覆盖，厚度 10cm。③田间管理：冬季盖薄膜或干草保温防冻；夏季搭棚遮阴，高温应喷水降温，适时盖膜防雨并疏通排水沟；保湿润；防污染和鼠害。④ 适时采收：10月下旬，及时清洁田园。

产量表现　2007、2008两年度多点试验，平均亩产天麻块茎分别为1 140.9kg和1 147.5kg，分别比对照增产73.4%和73.8%，2009年度生产试验平均亩产天麻块茎1 144.1kg，比对照增产73.5%。

适宜区域　四川金口河及相似生态区。

选育单位　西南交通大学、乐山市金口河区森宝野生植物开发公司、乐山市金口河区生产力促进中心

13. 丹参新品种——川丹参1号

作物种类　丹参 *Salvia miltiorrhiza* Bunge

品种名称　川丹参1号

品种来源　原始材料来自川丹参栽培混杂群体，通过系统选育而成。基源鉴定为唇形科鼠尾草属植物丹参 *Salvia miltiorrhiza* Bunge.。

鉴定情况　通过四川省农作物品种审定委员会审定。

鉴定编号　川审药2011002

特征特性　出苗期65~90d，生育期240~270d，长于对照品系10d。植株呈葡伏状，根条断面无木心，密被柔毛，高60~ 75cm，株型稳定。叶片卵圆形而大，顶生小叶大于侧生小叶，根粗短肥厚，质硬而脆，较易折断。

栽培技术要点　① 选地：以紫色土壤，耕作厚度≥50cm为佳。忌连作。② 备种：选择色泽紫红、无破裂、无病虫、直径5~10mm的根条作种根。③ 栽种时间和方式：12月至翌年2月，亩栽种5 500~6 000窝，每垄错窝双行，行距25cm，窝深3~6cm，株距15~20cm；种根按2.5cm左右折断，顺向（种根

上端向上）斜插于窝内，覆土1~2cm压实。④ 田间管理：每亩施有机肥1 000~1 500kg；化肥亩施纯N6~9kg，P_2O_5 3~4.5kg，K_2O 4~6kg；遇干旱，应及时抗旱保苗。进入雨季，应及时排水防涝，避免造成渍水烂根死苗。⑤ 适时采收：12月下旬至次年1月下旬采收。

产量表现 2007年、2008年两年度多点试验，鲜根平均产量分别为860.3kg/亩和871.34kg/亩，干根平均产量分别为200.14kg/亩和205.82kg/亩。鲜根产量平均比对照高23.61%，干根产量平均比对照高34.76%。2009年度生产试验鲜根平均产量为895.61kg/亩，比对照增产24.83%。

适宜区域 四川龙泉山脉的丘陵区。

选育单位 四川农业大学

14. 灵芝新品种——药灵芝2号

作物种类 灵芝 *Ganoderma Lucidum*

品种名称 药灵芝2号

品种来源 原始材料来自四川攀枝花地区的一株野生灵芝经系统选育而成。基源为多孔菌科真菌赤芝 [*Ganoderma lucidum*（Leyss. ex Fr.）Karst.]。

鉴定情况 通过四川省农作物品种审定委员会审定。

鉴定编号 川审药2011003

特征特性 生产周期约124d。子实体朵形大而美观，菌盖、菌柄颜色较深，气微香，味苦涩。

栽培技术要点 ① 段木栽培应以阔叶杂木为宜；② 段木含水量不能过高或过低，保持断面中部有1~2cm的微小裂口即可；③ 灭菌应彻底，生产过程中始终严防杂菌污染；④ 接种过程中，应使接种块与断面良好接触，使菌丝尽快定植；⑤ 菌棒培养过程需遮光，并控制培养室温、湿度；⑥ 菌丝生长过程中，若水珠产生过多，应及时排除，避免影响菌丝生长；⑦ 出芝场地应控制好温度、湿度、CO_2 浓度和光照条件。

产量表现　2009 年、2010 年品种比较试验，2 年产量分别达到 28.32g/kg 和 28.38g/kg 段木，比对照药灵芝 1 号分别增产 12.94% 和 12.56%。2010 年生产试验产量达到 28.4g/kg 段木，比药灵芝 1 号增产 10.9%。

适宜区域　四川灵芝大棚种植区域。

选育单位　德阳市食用菌专家大院

15. 紫苏新品种——川紫 1 号

作物种类　紫苏 *Perilla frutescens* (L.) Britt.

品种名称　川紫 1 号

品种来源　原始材料来自重庆南川收集紫苏，经系统选育而成。基源为唇形科植物紫苏 [*Perilla frutescens*（L.）Britt.]。

鉴定情况　通过四川省农作物品种审定委员会审定。

鉴定编号　川审药 2011004

特征特性　生育期约 216d，比对照早熟 14d。平均株高 177.0cm。叶片阔卵圆形，边缘粗圆齿型，被稀疏浅毛；叶面紫绿色，叶背紫色，叶片紫苏醛含量 46.63%。茎杆绿紫色；花冠二唇形，粉红色；小坚果近球形，灰褐色。

栽培技术要点　① 播种：清明前后播种。② 栽种：直播或育苗移栽。直播一般用穴栽，株行距 40cm × 40cm 挖穴，清水浸种 1~2h，捞出凉干水汽后用适量火土灰拌和均匀播种。育苗移栽一般按株行距 15~20cm 横向开沟条播，苗高 10~15cm 具 4 对真叶时定植，按株行距 40cm × 40cm 挖穴，每穴 2~3 株。③ 田间管理：及时间苗补苗；苗期勤除草，注意浇水；雨季注意排水；施足底肥，早施提苗肥，重施封行肥，多施有机肥。④ 适时采收：8—9月，紫苏枝叶茂盛，植株开花时采收。

产量表现 2009 年、2010 年两年度多点试验，茎叶平均干品亩产量分别为 520.0kg 和 569.7kg，分别比对照增产 21.4 % 和 22.8%。2010 年度生产试验平均亩产 519.5kg，比对照增产 20.3%。

适宜区域 四川盆地、丘陵和低山地区。

选育单位 四川农业大学

16. 川芎新品种——绿芎 1 号

作物种类 川芎 *Ligusticum chuanxiong* Hort.

品种名称 绿芎 1 号

品种来源 原始材料来自川芎地方品种，经系统选育而成。基源为伞形科植物川芎（*Ligusticum chuanxiong* Hort.）。

鉴定情况 通过四川省农作物品种审定委员会审定。

鉴定编号 川审药 2011005

特征特性 育苓 200~210d，坝区栽培生育期 280~290d，株高 40~48cm，叶片数 35~65 片，茎数 15~25 个；茎干中下部呈紫红色，株型好。成株叶色浓绿，持绿期长，品质优，生长旺盛，群体整齐性、一致性较好，抗病性强。块茎呈拳形团块，直径 2~7cm，表面黄褐色，断面黄白色或灰黄色，有黄棕色的油室，气浓香。

栽培技术要点 ① 遵循“山区育苓，坝区种芎”的原则，选择海拔 1 200~1 500m 的山区培育苓种，7 月中旬至 8 月上旬采收。② 栽种期：于每年立秋至处暑间栽种。以立秋后一周之内为栽种最佳期。栽种方法：多直栽。注意苓种的芽口朝上。栽后覆盖半寸土，再浇腐熟清粪水后稻草覆盖。③ 其他田间管理方法同产区传统栽培技术。

产量表现 2007—2009 年两年多点试验，平均产量 4 936.4 kg/hm^2，

比当地主栽品种增产26.5%，增产显著；2009—2010年生产试验，绿芎1号平均产量4 629.2kg/hm^2，产量比当地主栽品种增产19.1%，表现出良好的丰产性、稳定性和适应性。

适宜区域　四川川芎道地产区。

选育单位　成都中医药大学、四川农业大学

17. 白芷新品种——川芷2号

作物种类　白芷 *Angelica dahurica*

品种名称　川芷2号

品种来源　原始材料来自重庆南川收集的白芷材料，经系统选育而成。基源为伞形科植物杭白芷 *Angelica dahurica*（Fisch. ex Hoffm.）Benth. et Hook. f. var. *formosana*（Boiss.）Shan et Yuan。

鉴定情况　通过四川省农作物品种审定委员会审定。

鉴定编号　川审药2012001

特征特性　生育期平均616d，其中，大田生产平均300d；种子繁育平均316d。大田生产植株株高87.0~96.4cm，叶柄基部紫色，叶色深绿、褪绿迟。根圆锥形，根头部钝四棱形；表皮浅黄色至黄棕色。留种开花植株长势旺、分枝多，株高1.8m左右，秆硬，抗倒伏。

栽培技术要点　① 商品生产用当年繁育的种子，9月下旬至10月上旬播种；12月下旬匀苗、翌年2月下旬定苗；底肥以有机肥为主，增施磷钾肥，控施氮肥。及时拔除早期抽苔植株。适时防治白芷斑枯病、根结线虫病、黄凤蝶幼虫及蚜虫等病虫害。7月中下旬，叶片枯黄时采挖，晒干。② 种子繁育：应选择根形好、无分叉、无损伤、无病虫害的根作种根。隔离区在500m以上。6—7月分批采收成熟饱满种子，阴干。

产量表现　2008—2009年度川芷2号平均产量为6 804kg/hm^2，

比对照川芷 1 号平均增产 21.7%，增产极显著。2010—2011 年度，川芷 2 号平均产量 10 098kg/hm^2，比对照川芷 1 号增产 39.2%，增产极显著。2010—2011 年度生产试验中，川芷 2 号平均产量 8 679kg/hm^2，比对照增产 29.5%。表现出良好的丰产性、稳定性和适应性。

适宜区域 四川川中平坝、丘陵等白芷主产区。

选育单位 四川农业大学

18. 牛膝新品种——宝膝 1 号

作物种类 牛膝 *Achyranthes bidentata* Blume.

品种名称 宝膝 1 号

品种来源 原始材料来自四川省宝兴县蜂桶寨乡的半野生种群，经系统选育而成。基源为苋科杯苋属植物川牛膝 *Cyathula officinalis* Kuan。

鉴定情况 通过四川省农作物品种审定委员会审定。

鉴定编号 川审药 2012002

特征特性 株高 80~95cm，分枝数 4~6 个，叶片数 35~65 片。茎干中下部呈紫红色，叶色浓绿，持绿期长，生长旺盛，群体整齐性、一致性较好，倒苗后回苗率高且回苗期一致，耐寒性强。根呈圆柱形，微扭曲，主根明显，长 30~60cm，直径 0.5~3.0cm，向下略细或有少数分枝，表面黄棕色，质韧，味甜。

栽培技术要点 4 月上中旬播种，采用窝播，按行距 35cm 左右，窝距 24cm 左右，用种量 30kg/hm^2。苗高 2~3cm 时匀苗，苗高 5cm 时定苗。第 1、第 2 年在 5 月中下旬、6 月中下旬和 8 月上旬进行 3 次中耕除草，第 3 年进行 2 次中耕除草。结合中耕除草进行 3 次追肥；8 月对生长过旺的植株进行打顶，保持植株高度 30~40cm；及时防治白锈病和黑头病。第 3 年 11 月下旬至翌年 1

月上旬采收。

产量表现　2010年品比试验平均产量8 644.50kg/hm^2，比对照平均增产18.42%；生产试验平均产量14 592kg/hm^2，比对照平均增产12.01%。表现出良好的丰产性、稳定性和适应性。

适宜区域　四川省宝兴、天全、金口河等川牛膝主产区。

选育单位　四川农业大学、雅安三九中药材科技产业化有限公司

19. 丹参新品种——中丹1号

作物种类　丹参 *Salvia miltiorrhiza* Bunge.

品种名称　中丹1号

品种来源　原始材料来自中江丹参栽培混杂群体，通过系统选育而成，基源为唇形科鼠尾草属植物丹参 *Salvia miltiorrhiza* Bunge。

鉴定情况　通过四川省农作物品种审定委员会审定。

鉴定编号　川审药2012003

特征特性　生育期250~270d，出苗早，齐苗快。茎直立，四棱形，具多级分枝，被长柔毛。叶对生，为奇数羽状复叶；叶片阔卵形或类圆形，边缘有锯齿；小叶3或5，较小。轮伞花序组成顶生或腋生的假总状花序；花萼钟状，紫色；花冠蓝紫色，唇形。根圆柱形，肉质，外表面呈砖红色，断面黄白色，中央有细小木心。

栽培技术要点　① 地膜覆盖+小厢垄作。② 12月下旬至次年2月栽种，每亩种植5 500~6 000窝。③ 作垄覆膜打孔：垄面宽50cm或80cm，垄高30cm，覆膜要做到“严、实、平”，每垄双行或三行错窝打孔。④ 选根条直、色泽红、粗细均匀、无畸形、无破裂、无病虫害、直径7~13mm的健壮根条。种根折断成2.5~3.0cm长的根段，按上下端顺向插入窝内，盖2~3cm厚的细

土。⑤ 施足底肥，适量追提苗肥和壮根肥 1~2 次，重施磷钾肥，控施氮肥。生长前期遇干旱，及时抗旱保苗；雨季注意排水防涝。⑥ 12 月下旬至翌年 1 月下旬适时采收。

产量表现 2010 年、2011 年连续 2 年参加品种比较试验，平均亩产丹参分别为 208.7kg 和 229.2kg，分别比对照增产 37.2% 和 30.1%，差异达极显著水平；2011 年度生产试验平均亩产丹参 227.8kg，较对照增产 30.0%。

适宜区域 四川省丘陵紫色土地区。

选育单位 四川省中医药科学院

20. 天麻新品种——川天麻金红 1 号

作物种类 天麻 *Gastrodia elata* Bl.

品种名称 川天麻金红 1 号

品种来源 原始材料来自四川盆周山地收集的野生天麻，经系统选育而成。基源为兰科植物天麻 *Gastrodia elata* Bl.。

鉴定情况 通过四川省农作物品种审定委员会审定。

鉴定编号 川审药 2013001

特征特性 生育期平均 475d，花葶高约 150cm，直立，带白色纵条纹，节上具鞘状鳞片、淡橙红色。花黄白色；蒴果具短梗、长圆状倒卵形、淡橙红色；种子多而细小、粉末状；块茎粗大、长椭圆形、上部较大，长约 11cm，宽约 5cm，厚约 2cm。花期 4—5 月，果期 5—6 月。

产量表现 2009 年度、2010 年度两年多点试验：平均亩产 1 285.9kg，比对照品种川天麻金乌 1 号增产 13.3%，优级品率提高 32.5%；2011 年度生产试验：平均亩产 1 287.4kg，比对照品种川天麻金乌 1 号增产 13.4%，优级品率提高 32.5%。

适宜区域 四川省海拔 1 000~1 600m 的天麻适宜种植区。

选育单位　西南交通大学，乐山市金口河区森宝野生植物开发有限公司、乐山市金口河区生产力促进中心、四川千方中药饮片有限公司。

21. 麦冬新品种——川麦冬 2 号

作物种类　麦冬 *Ophiopogon japonicus* (Linn. f.) Ker–Gawl.

品种名称　川麦冬 2 号

品种来源　原始材料来自四川三台收集的栽培川麦冬匍匐型，经系统选育而成。基源为百合科沿阶草属植物麦冬 *Ophiopogon japonicus*（L.f）Ker~Gawl.。

鉴定情况　通过四川省农作物品种审定委员会审定。

鉴定编号　川审药 2013002

特征特性　生育期平均 315d，株型匍匐松散，株高约 14cm，冠幅约 29cm，分蘖数约 4 个；叶丛生，宽线形，绿色，叶片数约 53 片，叶宽 4mm；花茎较短，紫色间有绿色，小花紫白色；浆果类球状，黑蓝色。花期月，果期月。根系发达，辐射状，不定根粗壮，根深约 16cm，根幅约 9cm；块根长纺锤形，外表淡黄色，断面黄白色，优级品寸冬率 35.46%。

栽培技术要点　4 月栽种，底肥以有机肥为主，增施磷钾肥，配施氮肥；用 1 年生健壮种苗，单株亩栽密度 8 万 ~10 万苗。栽后灌水淹苗，保持土壤湿润直至返青成活。及时补植同级种苗。适时追施苗肥（4—5 月）、分蘖肥（6—7 月）、秋肥（11 月）和春肥（2 月）。7—8 月和 9—10 月浅中耕，不定期人工除草。8—9 月对麦冬植株适时断根。翌年 4 月上中旬适时采收与加工。

产量表现　2009 年度、2010 年度两年多点试验，块根干品平均亩产 345.8kg，优级品寸冬 122.6kg，分别比对照品种川麦冬 1 号增产 12.5% 和 25.1%；2011 年度生产试验：块根干品平均亩产

347.2kg，优级品寸冬 123.1kg，分别比对照品种川麦冬 1 号增产 12.3% 和 24.8%。

适宜区域 四川省涪江流域麦冬适宜区。

选育单位 西南交通大学、四川代代为本农业科技有限公司、四川千方中药饮片有限公司

22. 藁本新品种——诚隆 1 号

作物种类 藁本 *Ligusticum sinence* Oliv.

品种名称 诚隆 1 号

品种来源 原始材料来自茂县藁本地方品种，经系统选育而成。基源为伞形科（Umbelliferae）植物藁本（*Ligusticum sinense*. Oliv.）。

鉴定情况 通过四川省农作物品种审定委员会审定。

鉴定编号 川审药 2013003

特征特性 生育期平均 189d，植株高度 30~40cm，茎直立，圆柱形，花葶下部茎微带紫色；根茎发达，具膨大的结节，有分支，褐色；叶色深绿；花小，花被片 5，白色，椭圆形至倒卵形；雄蕊，花丝细软，弯曲，花药椭圆形，2 室，纵裂，花柱 2，细软而反折；子房卵形，下位，2 室；双悬果广卵形，无毛，分果具 5 条纵棱。花期 7—10 月，果期 9—11 月。

栽培技术要点 ① 商品生产：选择优质种苗，4 月适时移栽，亩栽苗 7 000 株左右；底肥以农家肥或有机肥为主，增施磷钾肥，苗期适量施氮肥；6—7 月人工除花葶；适时防治白粉病和苗期根部害虫。11 月中下旬，地上部分枯黄时采挖，晒干。② 种子繁育：9 月下旬至 10 月下旬分批采收成熟饱满种子，阴干。12 月先将种子进行沙藏催芽处理，在 400~600m 低海拔地区育苗，翌年 4 月适时移栽至 1 500~3 000m 高海拔生产基地种植。

产量表现 2010—2011 连续两年多点试验，2010 年藁本根茎干品平均亩产 159.87kg，比对照增产 23.0%；2011 年藁本根茎干品平均亩产 176.45kg，较对照增产 24.6%；2011—2012 连续两年生产试验：藁本根茎干品平均亩产 168.65kg，比对照增产 21.5%。

适宜区域 四川省海拔 1 500~3 000m 适宜地区。

选育单位 四川诚隆药业有限责任公司

23. 蓬莪术新品种——川蓬 1 号

作物种类 蓬莪术 *Curcuma zedoaria* (Christm.) Rosc

品种名称 川蓬 1 号

品种来源 原始材料来自四川成都金马河流域的优良蓬莪术，经系统选育而成。基源为姜科植物蓬莪术 *Curcuma phaeocaulis* Val.。

鉴定情况 通过四川省农作物品种审定委员会审定。

鉴定编号 川审药 2013004

特征特性 生育期 220d 左右，栽种后约 25d 出苗。株高 152cm 左右。叶鞘下段褐紫色。叶 4~7 枚基生；叶片长圆状椭圆形，长 38cm 左右，宽 18cm 左右，先端渐尖至短尾尖，基部下延成柄，两面无毛，上面沿中脉两侧有 1~2cm 宽的紫色晕斑；叶柄短。根茎卵圆形块状，肉质、肥大，侧生根茎圆柱状分枝；根细长，末端膨大呈长卵形块根。

栽培技术要点 ①种姜选择：播种前挑选直径 20mm 以上，长度 50mm 以上的二头、三头等直根茎或者直径 15mm 以上、长度 70mm 以上的大子姜作种姜。②生产管理：四月下旬整地，方式为机耕，浅翻地。播种时间为 5 月中下旬，密度为株行距 0.45~0.50m，每亩 2 700~3 300 株。除草 2~3 次，同时与培土相结合。肥料施用主要分为基肥和 3 次追肥。适时防治根结线虫病、根腐病、姜弄蝶、玉米螟、地老虎与蛴螬等病虫害。12 月下旬至 1 月下旬采收，郁金、莪术分开洗净后蒸煮、干燥，干燥温度不超过50℃。

产量表现 2010—2011年多点试验，块根（郁金）平均亩产139.9kg，比对照增产22.4%；根茎（莪术）平均亩产357.8kg，比对照增产32.4%。

适宜区域 四川省双流、崇州、温江、新津等金马河流域郁金、蓬莪术主产区。

选育单位 成都中医药大学、四川金土地中药材种植集团有限公司

24. 红花新品种——川红花3号

作物种类 红花 *Carthamus tinctorius* L.

品种名称 川红花3号

品种来源 原始材料来自红花资源材料，经系统选育而成。基源为菊科红花属红花 *Carthamus tinctorius* L.。

鉴定情况 通过四川省农作物品种审定委员会审定。

鉴定编号 川审药2014001

特征特性 生育期208d左右；平均株高147.4cm，叶色浓绿；分枝低，果球呈扁平状，直径26~28mm，平均单株果球数14.0个，果球总苞叶呈卵圆形，着生于果球的基部，苞叶较少而无刺，花期4月25日前后，开花集中，花色橘红色，种子呈乳白色，普通壳型，千粒重47g。

栽培技术要点 ①播期：适宜于10月中下旬至11月上旬播种。②密度：10 000~12 000株/亩。③施肥：亩施纯氮8~10kg，底肥15%，苗肥40%，分枝期追肥45%；亩施P_2O_5 4~5kg，底肥40%，追肥60%；亩施K_2O 6~8kg，底肥40%，追肥60%。④田间管理：一般进行2~3次除草，最后一次在封行前进行，同时培土，以防倒伏。3月中下旬开花前重点防治蚜虫危害。⑤4月下旬

开花时上午采收，5 月底收种。

产量表现 2012—2013 年两年多点试验，平均亩产红花 22.58kg，较对照川红花 2 号增产 15.62%，平均亩产红花种子 142.7kg，较对照增产 15.04%。2013 年红花生产试验，平均亩产红花 22.81kg，较对照增产 16.56%。

适宜区域 四川红花种植区。

选育单位 四川省农业科学院经济作物育种栽培研究所

25. 川芎新品种——新绿芎 1 号

作物种类 川芎 *Ligusticum chuanxiong* Hort.

品种名称 新绿芎 1 号

品种来源 原始材料来自四川栽培川芎，经系统选育而成。基源为伞形科植物川芎 *Ligusticum chuanxiong* Hort.。

鉴定情况 通过四川省农作物品种审定委员会审定。

鉴定编号 川审药 2014002

特征特性 育苓期 200~210d，药材生产期 280~285d。株高 36~45cm，株型紧凑；茎秆直立、基部紫红色，茎节呈红、绿、褐斑杂色；叶片披针形，叶色深绿，边缘羽状全裂，裂片细小无毛；叶鞘包藏部分为紫红色；分枝平均 19.6 个；5 月中旬开花，小花白色，花瓣卵状、倒披针形。

栽培技术要点 8 月 1—15 日栽种，栽种密度 0.8 万 ~1.0 万株 / 亩，栽种后以稻草覆盖。施肥以施用腐熟农家肥为主，亩施腐熟油枯 100kg，粪水 3 000kg，底肥：追肥比例 1 ∶ 6；年追肥 4 次，分别为提苗肥（9 月上旬，10%），追肥（9 月下旬，30%），越冬肥（10 月下旬，40%），春肥（次年 3 月中旬，20%）。及时人工除草。次年 5 月中下旬适时采收与加工。

产量表现 2011—2012 年、2012—2013 年两年度多点试验，

平均亩产 270.2kg，比对照增产 21.9%。2012—2013 年度生产试验，平均亩产 275.9kg，比对照增产 21.16%。

适宜区域 四川省彭州市、都江堰市、彭山县等地区。

选育单位 四川新绿色药业科技发展股份有限公司

26. 射干新品种——川射干 1 号

作物种类 射干 *Belamcanda chinensis* (L) Redonte

品种名称 川射干 1 号

品种来源 原始材料来自仁寿野生川射干，经系统选育而成。基源为鸢尾科植物鸢尾 *Iris tectorum* Maxim.

鉴定情况 通过四川省农作物品种审定委员会审定。

鉴定编号 川审药 2014003

特征特性 生育期平均 1 089d 左右，株型紧凑，株高 40~45cm；平均株高 42cm；叶基生，嫩绿色，中部略宽，宽剑形，顶端渐尖，基部鞘状，有数条不明显的纵脉，嫩叶基部有明显白霜状蜡质；叶片向上，中等大小；地下部根状茎粗壮，二歧分枝，斜伸，表面灰黄褐色或棕色，断面黄白色或黄棕色；须根较细而短；单株根茎数多，单个根茎较重，圆锥形；花蓝紫色，盛开时向外平展，爪部突然变细；种子黑褐色，梨形，无附属物。花期 4—5 月，果期 6—8 月。

栽培技术要点 ① 适时播种：12 月栽种。② 合理密植：以当年生的带根侧芽做种，穴栽，株距 × 行距为 40cm × 40cm，亩栽约 4 200 株。③ 合理施肥：栽种前亩用腐熟厩肥 3 000kg 均匀撒入土中，翻耕，耙细。3 月初、9 月中旬各施肥 1 次，每次亩施人畜粪 1 500kg，肥料施在穴内。④ 加强田间管理：人工拔除杂草，土壤干燥时及时灌水，大雨后及时排出积水。⑤ 适时采收：12 月上旬至中旬封冻前收获。

产量表现　2011—2012年、2012—2013年2年品比试验，平均亩产鲜品分别为1 917.83kg和1 870.27kg，分别比对照增产239.53%和230.08%；2012—2013年度生产试验，平均亩产鲜品1 716.99kg，平均比对照品种增产225.93%。

适宜区域　四川成都、仁寿、茂县、中江等地。

选育单位　四川省中医药科学院

27. 附子新品种——中附3号

作物种类　附子 *Aconitum carmichaeli* Debx.

品种名称　中附3号

品种来源　原始材料来自安县附子，经过系统选育而成。基源为毛茛科乌头 *Aconitum carmichaeli* Debx. 乌头属植物。

鉴定情况　通过四川省农作物品种审定委员会审定。

鉴定编号　川审药2014004

特征特性　生育期平均200d左右，株高42~47cm；茎直立或稍倾斜，圆柱形，节数较少（平均9.87节），节间距较大，茎浓绿色；叶互生，叶片较硬、大、厚、重，向上，掌状3全裂，中央全裂片宽菱形，侧裂片不等2裂，裂片张度大，中裂片宽度中等；叶色浓绿、光亮（这是有别于其他材料的独有特征）；块根大，纺锤形，外皮黑褐色；顶生总状花序，萼片蓝紫色，上萼片高盔形；蓇葖果，只在二面密生横膜翅。花期9—10月，果期10—12月。

栽培技术要点　① 播期：四川江油主产区在11月下旬至12月初栽种。② 密度：每厢按丁字错位两行栽种，行距16cm，株距16cm，亩栽约8 700株；栽前浸种种根。③ 施肥：施足底肥，3月初施催苗肥，4月初施绿肥以壮苗，5月上旬施壮根肥，均以有机肥为主。④ 修根、打尖和掰芽：于春分至清明前后、立夏前后修根；第1次修根后7~8天开始打尖，每株留叶6~8片，叶小而密的可留 8~9 片；随时掰除腋芽，每周 1~2 次，摘尽为止。⑤ 间作：冬季间种莴苣等蔬菜，春季在畦边阳面间种玉米。⑥ 田间管理：人工拔除杂草。苗期及时拔除病株。⑦ 采收：夏至后及时收获。⑧ 忌长期连作，2~3 年需换地种植。

产量表现 2012、2013 年度品种比较试验，平均亩产附子干品分别为 281.47kg 和 277.52kg，分别比对照中附 1 号增产 21.44% 和 17.03%。2013 年度生产试验，平均亩产附子干品 263.40kg，平均比对照中附 1 号增产 13.50%。

适宜区域 四川江油及周边附子种植区。

选育单位 四川省中医药科学院

十、福建省中药材新品种选育情况

地区：福建

审批部门：福建省种子管理总站

中药材品种审批依据归类：福建省非主要农作物品种认定办

福建省中药材新品种选育现状表

药材名	品种名	选育方法	选育年份	选育编号	选育单位
仙草	闽选仙草1号		2010	闽认药2010001	福建省农业科学院农业生物资源研究所
山药	麻沙山药1号		2012	闽认药2012001	福建省农业科学院农业生物资源研究所、福建省种植业技术推广总站、建阳市麻沙镇农业技术推广站
山药	闽选山药1号		2012	闽认药2012002	福建省种植业技术推广总站、福建省农业科学院农业生物资源研究所、建阳市麻沙镇农业技术推广站
太子参	柘参1号		2003	闽认药2003001	柘荣县农业技术推广中心
太子参	柘参2号		2003	闽认药2003002	柘荣县农业技术推广中心

（续表）

药材名	品种名	选育方法	选育年份	选育编号	选育单位
太子参	柘参3号（四倍体）	染色体加倍培育	2014	闽认药2014001	宁德师范学院、福建西岸生物科技有限公司、福建柘参种业有限公司、宁德市种子管理站
铁皮石斛	福斛1号	自然杂交选育	2016	闽认药2016001	龙岩市农业科学研究所、福建省连城冠江铁皮石斛有限公司
茯苓	闽苓A5	原生质体紫外诱变选育	2013	闽认菌2013001	福建省农业科学院食用菌研究所
薏苡	仙薏1号	系统选育	2013	闽认杂2013001	莆田市种子管理站、莆田市城厢区农业技术推广站、福建仙游县金沙薏苡开发专业合作社、仙游县龙华镇金沙村民委员会、莆田市农业科学研究所
薏苡	龙薏1号	集团选育	2009	闽认杂2009001	龙岩市龙津作物品种研究所
薏苡	浦薏6号	集团选育	2011	闽认杂2011001	浦城县农业科学研究所
薏苡	翠薏1号	系统选育	2014	闽认杂2014001	宁化县种子管理站、宁化县农业科学研究所

（续表）

药材名	品种名	选育方法	选育年份	选育编号	选育单位
华重楼	华重楼1号（暂名，待登记或申请新品种保护）				福建省农业科学院农业生物资源研究所
金线莲	红霞3号（暂名，待登记或申请新品种保护）				福建省农业科学院农业生物资源研究所
山药	马铺山药1号（暂名，待登记或申请新品种保护）				福建省农业科学院农业生物资源研究所
山药	马铺山药3号（暂名，待登记或申请新品种保护）				福建省农业科学院农业生物资源研究所

1. 仙草新品种——闽选仙草 1 号

作物种类　仙草 *Mesona chinensis* Benth.

品种名称　闽选仙草 1 号

品种来源　原始材料来自福建本地仙草 *Mesona chinensis* Benth.

鉴定情况　2010 年通过福建省非主要农作物品种认定。

鉴定编号　闽认药 2010001

特征特性　闽选仙草 1 号为唇形科仙草属草本植物凉粉草

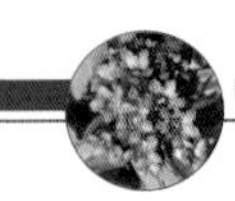

（Mesona chinensis Benth.），生育期140~180d。植株生长势强，株高30.0~100.0cm，株幅40.0~60.0cm。须根分布于土层20~30cm。茎多分枝，主茎长180cm左右，匍匐状或半直立，近地面的节部易生不定根，草质，四棱形，被白色线状小茸毛，绿中带紫或淡紫色。叶对生、卵形或阔卵形，先端急尖，叶长3.5~6.8cm、叶宽2.3~5.8cm。轮伞花序组成长2~15cm的顶生穗状花序；苞片圆形或菱状卵形，具长或短的尾状突出；花萼钟状，长2~3mm，被白色柔毛；花冠唇形，白色或淡紫色，长3mm左右，上唇宽大，具4齿，中央2齿不明显，下唇舟状，花期9月中旬至11月上旬。种子近长卵形或圆形，黑色，自然发芽率低，千粒重0.082g左右。地上部分浸出物4.35%，可溶性糖14.97%，干草具清香味；经福建省药检所检测，多糖含量2.22%（以葡聚糖计），总黄酮含量10.72%；经福建省农科院测试中心检测，蛋白质含量8.80%，氨基酸总量6.16%，粗脂肪3.00%，粗纤维18.90%。

栽培技术要点 前一年秋季培育母株，翌年2—4月气温回升后扦插育苗，3—5月种植，重下基肥，黑膜定植，亩植2 500~3 000株，花前适时采收。建议采用无病苗，水旱轮作，注意防治仙草茎褐腐病和斜纹夜蛾等病虫害。

产量表现 区域试验及多年多点试验，平均亩产400~750kg（干草）。

适宜区域 福建、广东、广西及江西等省（区）。

选育单位 福建省农科院农业生物资源研究所

2. 山药新品种——麻沙山药1号

作物种类 山药 *Dioscorea opposita*

品种名称 麻沙山药1号

品种来源 原始材料来自福建省山药 *Dioscorea persimilis* Prain

et Burkill.

鉴定情况 2012年通过省级品种认定。

鉴定编号 闽认药2012001

特征特性 麻沙山药1号为薯蓣科薯蓣属多年生藤本植物Dioscorea persimilis Prain et Burkill。茎具棱，右旋，绿色带紫；叶三角形，基部戟形，先端渐尖，嫩叶绿色，成叶深绿色，叶缘微波，叶面不光滑；叶互生，极少数对生；穗状花序，花黄色；根茎长圆柱形，长55~90cm，粗2.7~5.0cm，单根鲜重500g左右，表皮黄棕色，具须根，断面肉白，粉质、黏液多，折干率35.4%。经福建省药检所检测，每100g干样含尿囊素0.65g，粗多糖3.7g；经福建省农科院测试中心检测，每100g干样含淀粉80.4g，蛋白质7.29g，氨基酸4.59g，粗纤维为1.5g；经建阳市植保站田间病害调查，发现有炭疽病、褐斑病、斑枯病等病害发生。

栽培技术要点 在福建适宜播种期为3月下旬至4月中旬。播种前15~20d进行种薯催芽；种植地宜选择土层深厚，土质疏松的砂质壤土地块，每亩定植4 000~4 500株；种前施足基肥，根茎膨大期追施钾肥，种植过程注意防治炭疽病、褐斑病和叶蜂等病虫害。

产量表现 区域试验及多年多点试验，平均亩产400~750kg（干草）。

适宜区域 福建省南平、三明等地。

选育单位 福建省农业科学院农业生物资源研究所、福建省种植业技术推广总站、建阳市麻沙镇农业技术推广站

3. 山药新品种——闽选山药1号

作物种类 山药 *Dioscorea opposita*

品种名称 闽选山药1号

品种来源 原始材料来自麻沙习种的“江西薯”。

鉴定情况 2012 年通过省级品种认定。

鉴定编号 闽认药 2012001

特征特性 该品种为 1 年生或多年生缠绕藤本植物，晚熟，生育期 270d 左右。茎四棱形，右旋，嫩茎紫红色，成熟茎绿色带有淡紫红色。单叶互生，茎中部以上多为对生，叶纸质，三角状卵形，长 8~14cm，宽 4~9cm，全缘，先端渐尖，基部心形、戟形，绿色，角质层明显；叶柄两端常带紫红色，叶腋间着生大小不等的零余子，不规则状，棕褐色。花单性异株，穗状花序，花黄绿色。块茎长圆柱形，长 70~120cm，粗 4.0~6.0cm，单根鲜重 750g 左右；表皮棕黄色，须根少，断面肉色白、质稍松、黏液多，折干率 24.1%。经福建省药物检验所检测，每 100g 干样含尿囊素 0.41g，粗多糖 3.2g；经福建省农业科学院中心实验室检测，每 100g 干样含淀粉 78.8g，蛋白质 7.44g，氨基酸 5.01g，粗纤维为 1.4g；经福建省分析测试中心检测，镉、铅、铬、总砷、汞等重金属含量符合我国《药用植物及制剂进出口绿色行业标准》要求；六六六、DDT、五氯硝基苯和艾氏剂含量等农药残留均小于 0.01 μg/kg，为安全的药材原料。经建阳市植保植检站田间病害调查，发现偶有炭疽病、褐色腐败病等病害发生。

栽培技术要点 在建阳市适宜播种期为 4 月上、中旬，用零余子播种；种植地宜选择土层深厚、土质疏松的沙质壤土地块，每亩定植 2 500~3 000 株；种前施足基肥，块茎膨大期追施钾肥，种植过程注意防治炭疽病、褐斑病和叶蜂等病虫害。

产量表现 经建阳、蕉城、云霄等地多年多点试种，一般亩产 2 500kg 左右。

选育单位 福建省农业科学院农业生物资源研究所、福建省种植业技术推广总站、建阳市麻沙镇农业技术推广站

4. 太子参新品种——柘参 1 号

作物种类 太子参 *Pseudostellaria heterophylla* (Miq.) Pax

品种名称 柘参 1 号

品种来源 原始材料来自农家种。

鉴定情况 通过福建省非主要农作物品种认定委员会认定。

鉴定编号 闽认药 2003001

特征特性 从出苗到枯苗，生育期为 120d 左右，植株直立无分枝，茎基部近方形，上部圆，节部略膨大，节间有二行短柔毛，株高 10~13cm，叶片卵形，全缘，无波状，叶宽 4.0~5.2cm，叶长 6.7~10.5cm，茎花冠，雄蕊 10 枚，雌蕊 1 枚；顶端花腋生，花大，白色，萼片 5 片，有花冠，含 5 片花瓣，雄蕊 10 枚，雌蕊 1 枚，蒴果卵形，含种子 6~8 粒，种子长椭圆形，褐色，千粒重 5.4g；块根纺缍形，长 6~10cm，宽 0.4~0.7cm，淡黄色，品质经吉林农业大学测试中心测定，生晒参灰分 1.24%，水分 8.74%，皂苷含量 1.08%，经柘荣县植保站自然诱发鉴定，该品种中感叶斑病，抗寒性强，抗旱性中，耐涝性弱，耐热性弱。

产量表现 经柘荣县多年多点试验，平均亩产干品 138.4kg。

栽培技术要点 ① 选地整地：选择疏松、肥沃、排水良好的沙质壤土，以丘陵坡地与地势较高的平地或新垦过两年的“二道荒”种植，不宜连作，作成宽 120cm，高 20cm 的畦面，略呈弓背形，开好排水沟；基肥以腐熟的厩肥、堆肥及草木灰为主；② 栽种：选择芽头完整，参体肥大，整体无伤，无病虫害的块根作种参，一般在 11 月进行栽种，在畦面上开设直行条沟，沟深 13cm，开沟后放入基肥，用少量土覆盖后将种参斜摆于沟的侧边，种参芽头朝上，芽头位置一律平齐，种植深度 7cm 左右，株距 5~7cm，然后按行距 13~17cm 再开第 2 沟，依次类推，亩用种 40kg 左右；③ 肥水管理：施足基肥（迟效肥为主），以满足植株生育需要，在植株生长良好时，一般不追肥，如缺肥，可追肥 1~2 次，追肥不超过 5 月初，太子参怕涝，一旦积水，易发生腐烂死亡，而后必须及时清沟排水；④ 病虫害防治：太子参生产过程主要病虫害有叶斑病、花叶病，防治采取“农业防治为主，化学防治为辅的方针，除草掌握见草就拔，5 月植株封行后，除大草外，可停止除草；⑤ 采收和加工：6 月下旬（夏至）前后，植株倒苗，块根生长停止，此时参根饱满，有效成分含量高，应及时收获，宜选择晴天收获，挖出块根，去掉茎叶，运回加工，鲜参用清水洗净摊晒至八成干时，搓去须根，再晒至足干为止，为生晒参。

适宜区域 适宜福建省太子参产区海拔 600m 以上的壤土种植。

选育单位 柘荣县农业技术推广中心

5. 太子参新品种——柘参 2 号

作物种类 太子参 *Pseudostellaria heterophylla* (Miq.) Pax

品种名称 柘参 2 号

品种来源 原始材料来自农家种。

鉴定情况 通过福建省非主要农作物品种认定委员会认定。

鉴定编号 闽认药 2003002

特征特性 从出苗到枯苗，生育期为 130d 左右，植株直立，分枝 4~6 个，茎近方形，节间有 2 行短柔毛，株高 11~14cm，叶片卵形、披针形，叶全缘，微波状，叶宽 2.6~4.3cm，叶长 6.0~9.0cm，块根胡萝卜形，淡黄色，长 4~8cm，宽 0.3~0.5cm，品质经吉林农业大学测试中心测定，生晒参灰分 1.22%，水分 8.9%，皂苷含 1.10%。经柘荣县植保站自然诱发鉴定，该品种中抗叶斑病，抗寒性强，抗旱性中，耐涝性弱，耐热性弱。

产量表现 经柘荣县多年多点试验，平均亩产干品 136.8kg。

栽培技术要点 ① 选地整地：选择疏松、肥沃、排水良好的沙质壤土，以丘陵坡地与地势较高的平地或新垦过两年的“二道荒”种植，不宜连作，作成宽 120cm，高 20cm 的畦面，略呈弓背形，开好排水沟；基肥以腐熟的厩肥、堆肥及草木灰为主；② 栽种：选择芽头完整，参体肥大，整体无伤，无病虫害的块根作种参，一般在 11 月进行栽种，在畦面上开设直行条沟，沟深 13cm，开沟后放入基肥，用少量土覆盖后将种参斜摆于沟的侧边，种参芽头朝上，芽头位置一律平齐，种植深度 7cm 左右，株距 5~7cm，然后按行距 13~17cm 再开第 2 沟，依次类推，亩用种 40kg 左右；③ 肥水管理：施足基肥（迟效肥为主），以满足植株生育需要，在植株生长良好时，一般不追肥，如缺肥，可追肥 1~2 次，追肥不超过 5 月初，太子参怕涝，一旦积水，易发生腐烂死亡，而后必须及时清沟排水；④ 病虫害防治：太子参生产过程主要病虫害有叶斑病、花叶病，防治采取“农业防治为主，化学防治为辅的方针，除草掌握见草就拔，5 月植株封行后，除大草外，可停止除草；⑤ 采收和加工：6 月下旬（夏至）前后，植株倒苗，块根生长停止，此时参根饱满，有效成分含量高，应及时收获，宜选择晴天收获，挖出块根，去掉茎叶，运回加工，鲜参用清水洗净摊晒至八成干时，搓去须根，再晒至足干为止，为生晒参。

适宜区域　适宜我省太子参产区海拔 400m 以上的壤土种植。

选育单位　柘荣县农业技术推广中心

6. 太子参新品种——柘参 3 号

作物种类　太子参 *Pseudostellaria heterophylla* (Miq.) Pax

品种名称　柘参 3 号

品种来源　原始材料来自福建柘荣县太子参主栽品种柘参 1 号，通过染色体加倍培育而成。

鉴定情况 通过福建省非主要农作物品种认定委员会认定。

鉴定编号 闽认药2014001

特征特性 株高8.0~12.0cm，株幅10.0~20.0cm。茎直立，基部近方形，呈淡紫色，上部圆形，呈绿色，节部略膨大；叶对生，近无柄，下部叶匙形，上部叶卵形，叶较厚，深绿色，叶片全缘、无波状，顶叶4片，呈十字形排列，叶长5.5~7.5cm，叶宽3.8~5.2cm，深绿色；块根纺锤形，长6~10cm，直径0.4~0.9cm，淡黄色，芽白色，芽数1~5枚；单块根鲜重1.0~2.0g，商品性好；茎节处生长的无瓣花多，结实率低，部分花败育，蒴果中的种子0~4粒，种子千粒重4.8g；全生育周期为125d左右，比对照长3d。经福建省药品检验所检测，每百克干品含总皂苷0.5g，与对照柘参1号相同。经宁德市植保植检站田间调查，花叶病发病率80.5%，叶斑病发病率72.0%，与对照柘参1号相似。

栽培技术要点 选择健康无病毒种苗，于11月下旬到12月中旬种植，采取挖沟摆种方式种植，种参亩用量40kg，亩施纯氮10kg，氮、磷、钾比例为1∶0.8∶1.2，基肥、齐苗肥、封行肥比例为7∶1.5∶1.5，基肥以农家肥为主。注意防治花叶病、叶斑病、蛴螬等病虫害。适时采收。

产量表现 经柘荣县东源村、平桥村、铺头村、凤洋村等地多年多点区域试验，平均亩产（干品）108.14kg，比对照柘参1号增产20%。

适宜区域 适宜福建省柘荣县及其周边县市海拔600~1 000m的无病地块种植。

选育单位 宁德师范学院生物系、福建西岸生物科技有限公司、福建柘参种业有限公司、宁德市种子管理站

7. 铁皮石斛新品种——福斛 1 号

作物种类　铁皮石斛 *Dendrobium nobile* Lindl

品种名称　福斛 1 号

品种来源　原始材料来自连城县冠豸山野生铁皮石斛种源 L-2 经自然杂交选育。

鉴定情况　通过福建省非主要农作物品种认定委员会认定。

鉴定编号　闽认药 2016001

特征特性　福斛 1 号为多年生植物，定植至采收生长期两年，生长势强，整齐度好，茎丛生、直立、圆柱形、绿色带浅紫色小点，鲜茎平均长 20.8cm、粗 0.51cm、节间长 1.5cm，平均单茎重 4.4g；叶纸质、长椭圆形、顶端微钩转，平均长 5cm、宽 1.6cm，浅绿色，叶鞘包被具紫斑；总状花序、生于茎中上部，花浅黄色，唇瓣开裂不明显、唇盘具紫斑。经福建省药品检验所检测，干品含多糖 51.8%、甘露糖 29.3%、甘露糖与葡萄糖峰面积比 2.5、总灰分 3.1%；经新罗区植保植检站田间调查，福斛 1 号疫病发病率为 1.0%、黑斑病发病率为 5.2%、炭疽病发病率 3.7%，发病率均低于对照连城野生种。

栽培技术要点　培育健壮的组培苗，基质以水苔、树皮、草炭土为好，移栽时间为 3—5 月，行株距 15cm×（15~20）cm，每亩约 2.0 万丛。幼苗期光照强度为 6 000~15 000lx，成苗期光照强度为 10 000~30 000lx，生长适温为 15~30℃、空气湿度为 60%~80%，基质含水量 35% 左右。年亩施氮磷钾均衡肥（氮磷钾比例为 20 ∶ 20 ∶ 20）15kg，建议增施有机肥，注意防治疫病等病虫害。适宜采收时间为 11 月至次年 3 月。

产量表现　经龙岩、漳州多年多点区域试验，平均年亩产（鲜茎条）318.5kg，比对照连城野生种增产 17.7%。

适宜区域 福建省设施大棚种植。

选育单位 龙岩市农业科学研究所、福建省连城冠江铁皮石斛有限公司

8. 茯苓新品种——闽苓 A5

作物种类 茯苓 *Poria cocos* Wolf

品种名称 闽苓 A5（原名：川杰 1 号 -A5）

品种来源 原始材料来自“闽苓”，通过原生质体紫外诱变选育而成。

鉴定情况 通过福建省非主要农作物品种认定委员会认定。

鉴定编号 闽认菌 2013001

特征特性 平皿菌落形态初呈放射状生长，偏贴生，后呈浓疏相间的波浪状“同心环”，菌丝生长强壮有力，抗逆性强。接种后 3~4 个月开始结苓，结苓集中在松蔸 1m 直径范围内，10~12 个月采收。菌核形态不规则，直径 10~30cm，单核重 2~5kg。经福建省分析测试中心检测，茯苓块（干品）含粗蛋白 1.36%、粗脂肪 0.6%、三萜类 0.059%、总糖 0.50%、水分 14.4%。经邵武市植保植检站实地调查，菌丝生长阶段有少量霉菌发生、少量白蚁，结苓后期有少量烂苓、少量白蚁，与对照“5.78”相当。

产量表现 经邵武、长汀、尤溪等地三年区试，平均单蔸（蔸直径 25cm ± 5cm）产量 15.89kg，比对照“5.78”增产 52.35%。

栽培技术要点 适宜松蔸栽培，无须对松蔸断根处理。苓场海拔 300~1 500m，坡度 10° ~50° ，土壤 pH 值 5~6；选择直径 20cm 以上健康松蔸；接种前 1 个月对松蔸进行削皮处理，无须断根；5—9 月接种，接种量依树蔸大小而定，蔸直径 20~30cm 每蔸 1 袋（每袋 0.5kg）、蔸直径 30cm 以上每蔸 2~3 袋。接种 3~4 个月后要经常巡察苓场，及时培土，防止积水；接种 10~12 个月菌核

成熟后及时采收。

选育单位　福建省农业科学院食用菌研究所

9. 薏苡新品种——仙薏 1 号

作物种类　薏苡 *Coix lacryma-jobi* L.

品种名称　仙薏 1 号（原名：金沙 1 号）

品种来源　原始材料来自莆田市仙游县农家薏苡品种，通过系统选育而成。

鉴定情况　通过福建省非主要农作物品种认定委员会认定。

鉴定编号　闽认杂 2013001

特征特性　全生育期 130d 左右；株型较紧凑，分蘖力适中，茎节 12 个左右；株高 1.60m 左右；主茎叶数 15 片左右，叶长 30cm、宽 3.2cm 左右，叶长披针形，具白色薄膜状的叶舌，基部鞘状包茎；总状花序，腋生及顶生成束，花单性；颖果椭圆形，果长 0.8cm、宽 0.5cm 左右；种仁白色微透明；亩有效穗 4 万左右，穗粒数 110 粒左右，结实率 82% 左右，百粒重 8.6g 左右。经福建省农业科学院中心实验室检测，种仁含蛋白质 16.96%、粗脂肪 1.0%、淀粉 57.2%、17 种氨基酸 15.24%。经仙游县植保植检站田间调查，黑穗病、叶枯病较轻，玉米螟、粘虫较少，与对照种农家薏苡品种相似。

栽培技术要点　在莆田、仙游等地适宜播种期为 7 月中下旬，亩播 1 660~2 000 穴，穴播约 18 粒，四叶期定苗 12 株；忌长期干旱，不宜连作；加强人工授粉，注意防治黑穗病、叶枯病、玉米螟和黏虫等病虫害。

产量表现　经莆田市城厢区、涵江区、仙游县和泉州市永春县等地多年多点区试，平均亩产 296.9kg，比对照农家薏苡品种增产 25.27%。

适宜区域　福建省中低海拔地区。

选育单位 莆田市种子管理站、莆田市城厢区农业技术推广站、福建仙游县金沙薏苡开发专业合作社、仙游县龙华镇金沙村民委员会、莆田市农业科学研究所

10. 薏苡新品种——龙薏1号

作物种类 薏苡 *Coix lacryma-jobi* L.

品种名称 龙薏1号

品种来源 原始材料来自新罗区地方薏苡品种，采用集团选育法选育而成。

鉴定情况 通过福建省非主要农作物品种认定委员会认定。

鉴定编号 闽认杂2009001

特征特性 该品种在新罗区种植，全生育期170~190d；株型较紧凑，分蘖力较强，茎秆粗壮，茎节10~20个，株高2.4m左右，叶片22张左右、线状披针形，长20~40cm，宽1.5~5cm。花为总状花序，腋生及顶生成束，花单性。果实为颖果。亩有效穗2万左右，每株粒数220粒左右，平均结实率85%，百粒重7.50g。品质经农业农村部稻米及制品质量监督检验测试中心检测，蛋白质含量14.8%，每100g含氨基酸11.5g。经龙岩市新罗区植保站田间调查，叶枯病、黑穗病发病程度较当地农家品种轻。

栽培技术要点 在新罗区种植，一般4月中、下旬播种，亩播900~1 000穴，每穴5~6粒。施足基肥，重施分蘖肥、穗肥，巧施粒肥，每亩施纯氮22~25kg，N ∶ P ∶ K比例为1 ∶ 0.8 ∶ 1；基肥、分蘖肥、穗肥、粒肥比例为30 ∶ 35 ∶ 30 ∶ 5。注意防倒伏，防治叶枯病、黑穗病、玉米螟和黏虫等病虫害。

产量表现 经龙岩市、三明市等地多年多点试种，亩产250~350kg。

适宜区域 适宜福建省海拔400~1 000m内陆地区种植。

选育单位　龙岩市龙津作物品种研究所

11. 薏苡新品种——浦薏6号

作物种类　薏苡 *Coix lacryma-jobi* L.

品种名称　浦薏6号

品种来源　原始材料来自浦城县地方薏苡品种，采用集团选育法选育而成。

鉴定情况　通过福建省非主要农作物品种认定委员会认定。

鉴定编号　闽认杂2011001

特征特性　在浦城县种植，全生育期150~170d；株型紧凑，茎秆粗壮，茎15~20节，株高2.2~2.8m；叶片长披针形，长20~40cm、宽1.5~5cm；花单性，总状花序；果实为颖果，成熟颖果为灰白色，颖壳薄；一般亩有效穗2.2万，穗粒数130粒，结实率80%，百粒重10g，糙米率65%，精米率60%，整精米率50%。经福建省产品质量检验研究院检测：蛋白质含量13.9%、脂肪含量6.9%、钙93mg/kg、锌18mg/kg、17种氨基酸含量135.3g/kg。经浦城县植保站田间调查，叶枯病、黑穗病发病程度较当地农家品种轻。

栽培技术要点　在浦城县种植，一般5月中、下旬播种，亩播1 500~1 800穴，每穴3~4粒。一般亩施农家肥1 500kg、纯氮12kg，氮磷钾比例为1∶0.5∶0.8，基肥以磷肥和农家肥为主。栽培上注意防治叶枯病、黑穗病、玉米螟和黏虫等病虫害，防止徒长、倒伏。

产量表现　在浦城县官路乡、盘亭乡、管厝乡、仙阳镇等地多年多点试种，一般亩产260kg左右，比对照浦城农家种增产10%以上。

适应区域　福建省海拔300~600m地区。

选育单位　浦城县农业科学研究所

12. 薏苡新品种——翠薏 1 号

作物种类 薏苡 *Coix lacryma-jobi* L.

品种名称 翠薏 1 号

品种来源 原始材料来自宁化县地方薏苡品种，系统选育而成。

鉴定情况 通过福建省非主要农作物品种认定委员会认定。

鉴定编号 闽认杂 2014001

特征特性 在宁化县 5 月中下旬播种，全生育期 166d 左右；株型较紧凑，分蘖力较强，茎秆粗壮，茎节 16 个左右，株高 2.2m 左右，叶片 22 片左右；花为总状花序，雌蕊紫色，颖壳白色；亩有效穗 2.3 万左右，每株粒数 145 粒左右，结实率 84% 左右，百粒重 9.39g 左右。经福建省农业科学院中心实验室检测，翠薏 1 号含蛋白质 16.2%、粗脂肪 4.3%、淀粉 59.9%，每 100g 含氨基酸 15.63g。经宁化县植保植检站田间调查，叶枯病发病等级为 2 级、黑穗病粒发病率为 2.85%，比当地农家薏苡品种轻。

栽培技术要点 在宁化县种植，5 月中下旬播种，采取育苗移栽，大田亩用种量 1.5~2kg。单行种植，行距 100~110cm，株距 30cm，每穴 2~3 株苗。亩施纯氮 18~22kg，氮、磷、钾比例为 1 ∶ 0.8 ∶ 1；基肥、分蘖肥、穗肥、粒肥比例为 30 ∶ 35 ∶ 30 ∶ 5；注意防治病虫害。

产量表现 经宁化县、新罗区、长汀县、浦城县等地多年多点试验，翠薏 1 号平均亩产 258.5kg，比对照农家薏苡品种增产 20.11%。

适宜区域 适宜福建省海拔 300~800m 地区种植。

选育单位 宁化县种子管理站、宁化县农业科学研究所

十一、河南省中药材新品种选育情况

地区：河南

审批部门：河南省农业厅中药材生产技术服务中心

中药材品种审批依据归类：河南省中药材品种鉴定办法

河南省中药材新品种选育现状表

药材名	品种名	选育方法	选育年份	选育编号	选育单位
地黄	怀地 81	杂交和太空诱变	2014	豫鉴中药材 2014001	河南师范大学生命科学学院等
山药	铁棍1号	诱变系统选育	2014	豫鉴中药材 2014002	河南师范大学生命科学学院等
金银花	豫金1号	芽变选育	2015	豫品鉴金银花 2015001	河南师范大学生命科学学院等
金银花	豫金2号	定向选育	2015	豫品鉴忍冬 2015001	河南师范大学生命科学学院等

1. 地黄新品种——地黄怀地 81

作物种类　地黄 *Rehmannia glutinosa* (Gaetn.) Libosch. ex Fisch. et Mey.

品种名称　地黄怀地 81

品种来源　原始材料来自母本 85-5 和父本北京 1 号，杂交组合而成。

鉴定情况　通过河南省农业厅中药材品种鉴定。

鉴定编号　豫鉴中药材 2014001

特征特性　苗齐而壮，株型前期匍匐中后期直立，叶形勺形，叶面凸起较明显，叶色墨绿，叶尖钝圆，块根数一般为 2~4 个，块根圆形或纺锤形，表皮颜色桔黄，有疙瘩，芯白色呈菊花形放射状。

栽培技术要点　适宜在古怀庆府今焦作市辖怀地黄产区种植，也可扩种到生态环境相似的区域。适合沙壤土或两合土种植。地黄忌重茬，前茬忌种芝麻、油菜、瓜类、豆类、棉花、花生等作物，一般亩株数 10 000 株左右，起埂种植最佳。7 月及时进行追肥浇水，并注意病虫害防治。

产量表现　平均亩产鲜地黄为 5 000kg 左右，比 85-5 增产 15%，在怀区及相近生态区域推广可产生显著的经济和社会效益。

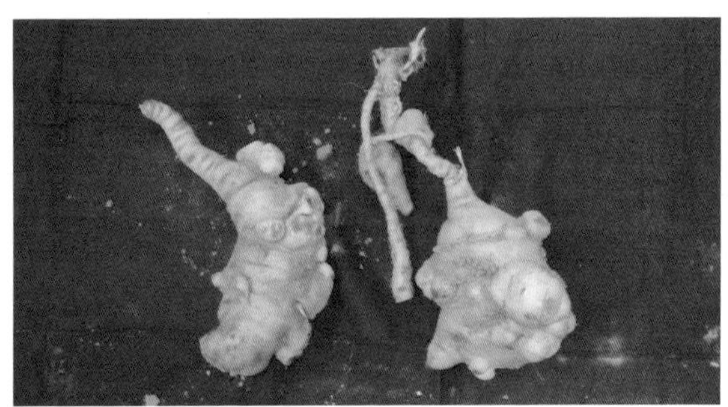

适宜区域　适宜在古怀庆府今焦作市辖怀地黄产区种植，也可扩种到生态环境相似的区域。

选育单位　河南师范大学生命科学学院等

2. 山药新品种——铁棍 06-1（铁棍 1 号）

作物种类　山药 *Dioscorea opposita*

品种名称　铁棍 06-1（铁棍 1 号）

品种来源　原始材料来自铁棍山药零余子，经太空诱变，地上系统选育与扩繁选育而成。

鉴定情况　通过河南省农业厅中药材品种鉴定。

鉴定编号　豫鉴中药材 2014002

特征特性　该品种地上部长势茂密，植株高大，茎粗壮，绿色，有紫色条纹，茎上无毛，叶厚，叶色深绿，叶形近似“T”形，叶边缘全缘，叶尖渐尖，叶基深心形至戟形，背面颜色浅绿。地下部根茎圆柱形，长约 100cm，直径约 2.5cm，粗糙，表皮褐黄，种于黏壤土或垆土地多有红斑，质坚，粉性足，不易折断，茎上须根密、短、细，切面白色，有乳淡黄色汁液，口感干、面、甜、香。产量高，折干率 32.23%。

栽培技术要点　适宜土壤为沙土、黏土和两合土，其中，黏土所产铁棍山药短小，粉性足，口感好。一般开沟打孔种植或深翻打畦种植，前茬忌种山芋、芝麻、棉花、花生、西瓜等作物，亩种 6 000~9 000 株，7 月要追肥 1 次，并注意病虫害防治。

产量表现　产量显著高于主栽品种，亩产约 1 000kg，折干率明显高于主栽品种，营养品质好于对照，药用成分浸出物含量显著高于 2010 版《中华人民共和国药典》规定，活性成分尿囊素含量高于对照。该品种高抗褐斑病，中抗炭疽病，在焦作怀区及相近生态区域推广可产生显著的经济和社会效益。

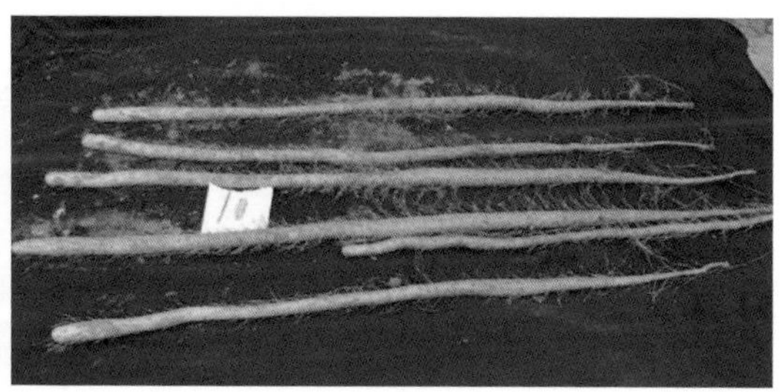

适宜区域　该品种适宜种植在武陟、温县、孟州等古怀区，也适宜生态环境相近的种植区域。

选育单位　河南师范大学生命科学学院等

3. 金银花新品种——豫金 1 号

作物种类　金银花 *Lonicera Japonica*

品种名称　豫金 1 号

品种来源　原始材料来自封丘大毛花芽变选育而成。

鉴定情况　通过河南省农业厅中药材品种鉴定。

鉴定编号　豫品鉴金银花 2015001

特征特性　植株直立性强，茎秆粗壮，长势好，叶和花蕾较大，叶阔卵圆形，二白期（淡白色花蕾，长 3.9~4.3cm），大白期（白色花蕾，长 4.3~4.5cm），表皮毛密又长。叶绿素含量高，花青素含量较对照低，光合速率高。综合抗性较好。绿原酸含量为 2.837%，木犀草苷含量为 0.128%。

栽培技术要点　根据水肥条件，亩株数 210~410 株，注意花前水肥管理和树形修剪，加强病虫害防治。

产量表现　2012—2014 年金银花品种对比试验，千蕾质量、单株产量分别为 23.95g、0.034kg，比对照大毛花分别增产

15.64%、21.4%。2015 年金银花生产对比试验，110 株六茬总产为 11.79kg，比对照封丘大毛花增产 19.57%。

适宜区域　该品种适宜河南豫北金银花产区及相近环境区域种植。

选育单位　河南师范大学生命科学学院等

4. 金银花新品种——豫金 2 号

作物种类　金银花 *Lonicera Japonica*

品种名称　豫金 2 号

品种来源　原始材料来自植物忍冬定向选育品种。

鉴定情况　通过河南省农业厅中药材品种鉴定

鉴定编号　豫品鉴忍冬 2015001

特征特性　植株近直立，花枝节间短，分枝多，花期早，长势好，花蕾大，大白期（红色花蕾，长 3.5~4.0cm），银花期（内白外红，长 4.0~4.5cm，开放花朵筒状，先端二唇形，雄蕊 5，雌蕊 1），香气突出，表皮毛密且长，耐寒耐旱性强。幼枝紫黑色，幼叶带紫红色，叶狭卵形或披针形，花冠外面紫红色，内面白色。叶绿素含量高，花青素含量较对照低，光合速率高。综合抗性较好。绿原酸含量为 2.704%，木犀草苷含量为 0.293%。

栽培技术要点　根据水肥条件，亩定植株数 410~820 株，注意花前水肥管理和树形修剪，加强病虫害防治。

产量表现　2012—2013 年两年品种对比试验，千蕾质量、单株产量分别为 15.5g、0.053kg，比对照增产 18.32%、15.2%。2015 年生产试验，平均亩产 62.85kg，比对照增产 8.23%。

适宜区域　该品种适宜河南豫北金银花产区及相近环境区域种植。

选育单位　河南师范大学生命科学学院等

十二、吉林省中药材新品种选育情况

地区：吉林

审批部门：吉林省农作物品种审定委员会

吉林省中药材新品种选育现状表

药材名	品种名	选育方法	选育年份	选育编号	选育单位
苍术	汪术1号	系统选育	2011	吉登药 2011001	吉林省延边长白山药业有限公司
水飞蓟	汪蓟1号	系统选育	2011	吉登药 2011002	吉林省延边长白山药业有限公司
西洋参	中农洋参1号	选育	2012	吉登药 2012001	中国农业科学院特产研究所等
人参	康美1号	选育	2012	吉登药 2012002	集安大地参业有限公司等
玉竹	吉竹1号	系统选育	2012	吉登药 2012003 2012	吉林农业科技学院等
玉竹	抚竹1号	系统选育	2012	吉登药 2012004	抚松参源长白山人参科技有限公司
桔梗	吉梗1号	多次混合选择选育	2012	吉登药 2012005	中国农业科学院特产研究所
五味子	嫣红	系统选育	2012	吉登药 2012006	中国农业科学院特产研究所

（续表）

药材名	品种名	选育方法	选育年份	选育编号	选育单位
水飞蓟	汪蓟2号	系统选育	2012	吉登药2012007	吉林省延边长白山药业有限公司
人参	益盛汉参1号	选育	2013	吉登药2013001	吉林省集安益盛药业股份有限公司吉林农业大学
人参	新开河1号	多代系选	2013	吉登药2013002	中国医学科学院药用植物研究所集安人参研究所康美新开河（吉林）药业有限公司
细辛	中农细辛1号	集团混合选择育种	2013	吉登药2013003	中国农业科学院特产研究所
菘蓝	农惠蓝1号	选育	2013	吉登药2013004	吉林农业大学镇赉县惠众药业有限公司
防风	关防风一号	多代选育	2014	吉登药2014001	吉林中森药业有限公司、吉林农业大学
人参	福星2号	多代系统选育	2014	吉登药2014002	抚松县参王植保有限责任公司、中国农业科学院特产研究所、抚松县人参研究所
人参	百泉人参1号	系统选育	2014	吉登药2014003	通化百泉参业集团股份有限公司、吉林农业大学
平贝母	吉贝1号	集团选育	2014	吉登药2014004	吉林农业大学、通化师范学院、通化吉通药业有限公司
五味子	红珍宝	系统选育	2014	吉登药2014005	中国农业科学院特产研究所

（续表）

药材名	品种名	选育方法	选育年份	选育编号	选育单位
灵芝	中农大阳1号	选育	2015	吉登药2015001	中国农业科学院特产研究所、延边大阳参业有限公司
刺五加	中农五加1号	多次混合选择选育	2015	吉登药2015002	中国农业科学院特产研究所
桔梗	吉梗2号	集团选育	2015	吉登药2015003	中国农业科学院特产研究所
玉竹	玉立1号	多年系统选育	2015	吉登药2015004	长春中医药大学、白山老关东特产品有限公司
人参	中大林下参	多代系选	2016	吉登药2016001	中国农业科学院特产研究所、延边大阳参业有限公司
灵芝	中农阳芝2	系统选育	2016	吉登药2016002	中国农业科学院特产研究所、延边大阳参业有限公司、大阳丰川林下经济种植专业合作社
五味子	金五味1号	系统选育	2016	吉登药2016003	中国农业科学院特产研究所
亚麻荠	延世一号	集团选育	2016	吉登药2016004	延边大学、韩国世宗大学校产学协力财团
西洋参	中农洋参2	选育	2016	吉登药2016005	中国农业科学院特产研究所、抚松县参王植保有限责任公司、吉林中森药业有限公司
人参	中农皇封参	多代选育	2016	吉登药2016006	中国农业科学院特产研究所、长白山皇封参业有限公司

（续表）

药材名	品种名	选育方法	选育年份	选育编号	选育单位
人参	新开河2号	选育	2016	吉登药2016007	康美新开河（吉林）药业有限公司、中国农业科学院特产研究所、集安人参研究
人参	边条1号	多代选育	2016	吉登药2016008	吉林联元生物科技有限公司

1. 苍术新品种——汪术 1 号

作物种类　苍术 *Atractylodes Lancea* (Thunb.) DC.

品种名称　汪术 1 号

品种来源　原始材料来自长白山采集的野生“关苍术”种质资源，选择优良单株，经多年系统选育而成。

特征特性　多年生草本植物。根状茎呈节结状、块状、念珠状横生，上生须根。茎上部分枝，高 30~50cm，叶柄上生了小叶式羽状裂，叶缘具内弯细齿。顶端裂片较大，上部叶小，头状花序顶生，基部苞片 2 裂，总苞片 7~8 层。花全部筒状，白色，柱头 2 裂；瘦果长形（种子），密生银白色毛，果期 9—10 月。

“汪术 1 号”种子 8℃即萌动，20~25℃萌发最快，温度 18~20℃幼苗生长较快；喜沙壤土，pH 值 6.5~7.5；根茎耐低温，能耐 -38℃以下的低温；喜光耐阴植物，在杂木林下可以生长良好（郁闭度 0.6~0.8），生育期 115d。关苍术烯内酯 1 和关苍术内酯 3 含量为野生种分别是 1.06mg/g 和 0.64mg/g；7 年生栽培种分别是 1.28mg/g 和 0.94mg/g。抗逆性：经过 2~3 年的田间观察，对白粉病、苗期立枯病及蚜虫为害具有较强的抵抗力。通过对抗白粉病的 4 年调查统计得出：“汪术 1 号”平均受害率为 4.4%，而当地品种受害率为53.3%。

产量表现 2006—2009年产比试验“汪术1号”平均亩产2 360kg，当地品种平均亩产为1 605kg；“汪术1号”平均每亩增产775kg，增产率为32%。

栽培技术要点 ① 选地：选择pH值6.5~7.5沙壤地，涝洼地、过黏地不宜选择。② 整地：翻耕后用机械打垄，垄距60cm。③ 播种：5月初播种，最晚不能超过5月15日，条播或穴播，每平方米保苗25株。④ 施肥：以腐熟好的农家肥为主，每亩施基肥30m^3，营养生长期追尿素每亩100kg；生殖生长期追磷、钾肥每亩50kg。

适宜区域 吉林省长白山区。

选育单位 吉林省延边长白山药业有限公司

2. 水飞蓟品种——汪蓟1号

作物种类 水飞蓟 *Silybum marianum* (L.) Gaertn.

品种名称 汪蓟1号

品种来源 原始材料来自外引水飞蓟品系“奶蓟”选择优良品系，经系统选育而成。

特征特性 草本，株高70~100cm，主根直或偏斜。茎直立，上部分枝。叶互生，无柄，叶片宽椭圆形，羽状深裂，裂片边缘有刺。头状花序，总苞片多层，顶端有刺，花筒状，紫红色。瘦果长椭圆形，成熟灰黑色，千粒重34g，花果期8—9月。耐低温，能耐−4℃的低温，抗霜冻；早春即可栽植，一般沙壤土、黑黏土、白浆土等都可种植。为早熟植物，生育期85d左右，8月初即可开始采收。经中国科学院沈阳分院理化测试中心大连化学物理研究所测试部和盘锦华城制药有限公司化验，汪蓟1号含总黄酮为74.3%，其中，水飞蓟滨35.4%、水飞泞2.7%、水飞汀29.7%、异水飞滨 6.5%；水飞蓟素含量为 80.60%。抗病虫害：抗白绢病、蚜虫的危害、感染率皆好于引进种。抗霜冻：2007—2009 年田间幼苗期观察，“汪蓟 1 号”对霜冻的抗性强，受害率为 2.6%，对照品种“奶蓟”受害率为 53%。

产量表现　生产试验结果“汪蓟一号”亩产 230kg，引进种（奶蓟）亩产 190kg，增产 40kg，增产率为 17.3%。“汪蓟 1 号”黑籽率平均为 82.2%。

栽培技术要点　① 选地整地：沙石地、涝洼地、积水地不宜种植，结合翻耕施入基肥。② 适宜播种期：4 月末至 5 月初。③ 分期分批采收：8 月初开始，成熟一批采收一批。

适宜区域　吉林省长白山区。

选育单位　吉林省延边长白山药业有限公司

3. 西洋参新品种——中农洋参 1 号

作物种类　西洋参 *Panax quinquefolius*

品种名称　中农洋参 1 号

品种来源　原始材料来自 1981 年从美国威斯康辛州引进种源，经多年选育而成。

特征特性　多年生草本，根肉质，纺锤形，有分支。茎为圆柱形，直立，绿色或紫色。掌状复叶，复叶有 5 小叶片，小叶片倒卵形，叶边缘具大锯齿，叶脉有细刚毛。伞形花序单一顶生，两性花，完全花，萼基部有小包片 1 枚。萼片 5 枚，雄蕊 5 枚，雌蕊 1 枚，柱头 2 裂下部合生。核果状浆果。种子千粒重 35~40g。喜阴植物，自然光照（20%~30%）条件下生长良好。在汪清 5 月中上旬出苗，6 月上中旬展叶，6 月下旬现蕾，7 月中上旬开花，7 月下旬至 8 月上旬绿果，8 月中下旬至 9 月上旬果实成熟，9 月中下旬开始枯萎，10 月中旬进入休眠期。种子有休眠特性，从成熟到萌

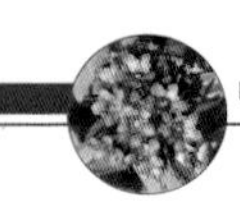

发一般需经 14 个月时间。人参皂苷含量 4.2%，挥发油 0.23%。

产量表现 每平方米平均鲜参产量 1.75kg。

栽培技术要点 ① 选地：选用地势高、土质疏松、肥沃、有机质含量较高的壤土或沙质壤土。② 整地：耙细整平，结合耕翻施入腐熟的农家肥料，做 1.2~1.4m 宽的畦。③ 播种：春播与秋播，将处理好的裂口种子按照一定株行距播种，播后细土盖种，秋播在每年 10 月上旬至土壤封冻前完成。④ 田间管理：在生长期间需要搭设遮阴棚，避免强光和风、雹、雨水的侵袭；6—8 月需要追施肥料；每年进行 3~4 次松土除草；干旱及时浇水、雨季及时排除田间积水。⑤ 病虫害防治：春秋季畦面用 0.3% 硫酸铜或高锰酸钾药剂消毒，播种移栽前对种子种苗进行药剂消毒，生长期每隔 7~10d 进行药剂喷洒防治病害，地下害虫可用毒饵诱杀。⑥ 越冬防寒：10 月中下旬地上部分枯萎后，畦面上覆盖 5~10cm 的稻草或树叶，防止冻害发生。

适宜区域 吉林省无霜期大于 100d 的中东部地区种植。

选育单位 中国农业科学院特产所、吉林中森药业有限公司、吉林农业大学

4. 人参新品种——康美 1 号

作物种类 人参 *Panax ginseng* C. A. Mey.

品种名称 康美 1 号

品种来源 原始材料来自集安当地大马牙农家品种，选择丰产性好和适合农田栽培的育种目标品种，经过多年选育而成。

特征特性 根圆柱形，表面浅黄棕色，6 年生平均根重 72g 左右。根茎短粗，芦碗较大。6 年生株高 60~71cm，直径 0.71cm 左右。多茎率高，4 年生多茎率高达 25.2%，5 年生多茎率 48%，6 年生多茎率 56%，掌状复叶顶端轮生，叶片暗绿色，呈椭圆形，

边缘有细锯齿，叶柄及小叶柄为紫色。花序为伞形，上有小花35~80朵，暗绿色雄蕊5柱头2裂。果实为浆果状核果，未经疏花单株（4年生）可采果实30~80枚。每株可产种子60~98粒，种子千粒重35g左右。出苗期5月初，地温稳定10℃出苗。花期5月下旬至6月初，地温稳定13℃开花。绿果期6月初至6月下旬，地温稳定15℃绿果。红果期7月中旬至8月上旬，地温稳定18℃红果。枯萎期10月初至10月中旬，生育期120~130d。总皂苷含量3.20%；挥发油含量0.13%。对锈腐病、黑斑病有一定抗性。农田地锈腐病发病率小于12%，病情指数小于10%。黑斑病发病率15%，病情指数小于8%。

产量表现　每平方米鲜参产量2.6kg以上。

栽培技术要点　① 整地和做畦：山地最好用隔年地，播栽前刨两遍；农田播栽前1年进行休闲改良，畦高20~40cm，畦宽120~150cm，畦间距离80cm。② 播种和移栽：春季、秋季均可种植，最好选秋季，播催芽种子，每平方米播种量0.03~0.05kg，移栽行距20~25cm，每行12株左右，播后复土3~4cm。③ 遮阴：采用复式棚，下面拱形棚距拱顶床面高120cm，上面遮阳网距马道高180cm。参棚透光率农田为15%~20%，山地为20%~30%。④ 病虫害防治：病、虫害防治遵守“预防为主，综合防治”的原则。地上部病害发病初期及时拔除病叶、病株烧毁。药剂可选择多菌灵、代森锰锌、疫霜灵、多抗霉素、阿米西达等。根部病害在整地时用50%多菌灵每667m^2 5kg，撒施进行土壤消毒；10%石灰水浇注病穴消毒，药剂可用多菌灵、甲基托布津、恶霉灵等。⑤ 越冬防寒：在10月中下旬人参枯萎后，在畦面上覆盖5cm左右的稻草或树叶，上覆参膜用土压住，防止人参冻害。

适宜区域　吉林省通化地区，无霜期大于120d的人参产区山地和农田栽培。

选育单位　集安大地参业有限公司、集安人参研究所、吉林农

业大学、中国农业科学院特产研究所

5. 玉竹新品种——吉竹 1 号

作物种类 玉竹 *Polygonatum odoratum* (Mill.) Druce

品种名称 吉竹 1 号

品种来源 原始材料来自敦化市江源镇山上采集野生玉竹种子，通过种植选出优良株系 02-01，经多年系统选育而成。

特征特性 多年生草本，根状茎圆柱形，横走，肉质黄白色，有 4~7 个分枝，密生多数须根；地上茎单一，全茎倾斜，茎高 60cm 左右；叶长椭圆形，先端尖，长 12cm 左右，宽 6cm 左右，叶片数变化范围为 14 个左右；花腋生，通常 2 朵，花被黄绿色至白色，雌蕊 3 心皮，雄蕊 6 个；浆果球形，绿色，熟时蓝黑色；种子黄白色，近圆形，坚硬，直径 0.4cm，千粒重 30g 左右。当地温稳定在 5℃时开始萌动出苗，超过 10℃时出苗较快，气温在 15℃以上，花渐渐开放，花期为 5 月中旬至下旬，授粉后子房膨大并结果，果期 6 月上旬至 8 月下旬，种子具有后熟特征，生育期为 120 天。根茎总糖含量为 49.4%，多糖含量 8.7%。叶片抗斑点病能力强，示范田未见斑点病发生。

产量表现 3 年生根茎鲜品平均公顷产量为 40 520kg，种子平均公顷产量 127.5kg。

栽培技术要点 ① 选地：选择土质肥沃、富含腐殖质、土层深厚、微酸性土壤、排水良好、前茬为豆类农田或老参地为宜。② 整地做床：最好隔年整地，施入充分熟化的有机肥。在播前或移栽前作床，一般床宽 1.2m，高 30cm。③ 繁殖方法：分无性繁殖和有性繁殖，时间为头年秋天或当年 4 月中下旬。无性繁殖用带越冬芽健壮的根状茎做种栽，在床上横向开沟，株距 15cm，行距 30cm，覆土 5~7cm，公顷种栽用量 3 000kg。有性繁殖种子具有休眠特性，播种前用400mg/kg的赤霉素浸泡18小时，条播，行距25cm，每行播种40~50粒。④ 田间管理：保持排水畅通。每年秋季在床面施一层腐熟的鸡粪或牛粪5 000kg/hm^2，在5月中旬的开花期、7月上旬的根状茎生长期各施1次磷酸二铵200kg/hm^2。⑤ 采收期：栽后第3年9月上旬叶片枯黄时采收。

适宜区域 吉林省长白山区。

选育单位 吉林农业科技学院、吉林省农业科学院

6. 玉竹新品种——抚竹1号

作物种类 玉竹 *Polygonatum odoratum* (Mill.) Druce

品种名称 抚竹1号

品种来源 原始材料来自1996年采集长白山林区松江河林业局白溪林场野生玉竹资源，选择优良单株“CBS-01”，经多年系统选育而成。

特征特性 多年生草本植物。3年生根茎粗1.2~1.7cm，呈压扁状圆柱形，表皮黄白色，根表面具不规则凸起，表面根毛较多；株高70cm左右，叶绿色，互生，叶片椭圆形，先端钝尖，基部楔形，叶缘深绿色。花腋生3~5朵，绿白色，花梗俯垂，花被筒状，顶端6裂，雄蕊6枚，着生于花被筒中部；浆果球形，成熟时暗紫色，种子卵圆形，黄褐色，无光泽。喜阴湿、凉爽气候，适宜微酸性黄沙土壤中生长。出苗温度9~13℃，开花18~22℃，花期5—7月，果期7—9月，种子具有生理后熟特性，种子寿命为2年。生育期90~120d。根茎含玉竹黏多糖大于7.0%。田间调查褐斑病病情指数11.8%。

产量表现 3年生根茎鲜品平均公顷产量为40 325kg，种子（鲜果）平均公顷产量747.5kg。

栽培技术要点 ① 选地：选择土层深厚、肥沃疏松、排水

良好、中性或微酸性的地块种植。② 种苗选择：根茎繁殖，选当年生长健壮、芽端整齐、略向内凹的粗壮分枝根芽。③ 栽植方法：9 月上旬至 10 月下旬，畦上开横沟深 17~20cm，行株距 30cm × 15cm，每公顷用种茎 2 000~3 000kg。栽后盖上腐熟干肥，再盖一层细土与畦面齐平，覆盖稻草、玉米秆，厚度为 6~7cm，上覆盖薄土一层。④ 田间管理：播种时，施用农家肥 20 000~25 000kg/hm^2，翌年 8—9 月施农家肥 10 000~15 000kg/hm^2。同时清沟沥水，防止沤根，生育期间注意病虫草害的预防。⑤ 采收期：栽后 3 年 8 月中旬采收。

适宜区域 吉林省海拔不超过 1 000m 的长白山区。

选育单位 抚松参源长白山人参科技有限公司

7. 桔梗新品种——吉梗 1 号

作物种类 桔梗 *Platycodon grandiflorus* (Jacq.) A. DC.

品种名称 吉梗 1 号

品种来源 原始材料来自 1992 年由辽宁省岫岩县引进白花桔梗种子，经种植发现其具有植株较矮、不易倒伏的特点。本品种是由白花桔梗群体中选择一批植株较矮、不易倒伏、根条顺直、主根较长的优良单株经多次混合选择选育而成。

特征特性 根条顺直，主根呈长圆锥形，3 年生根长 27.4cm 左右，主根长 13cm 左右，主根上部直径 22.5mm 左右，支根 2~5 条。株高 81cm 左右。茎圆形，表面黄绿色。叶片卵形或卵状披针形，花冠钟形，白色，单株开花 10~25 朵。果实为蒴果，倒卵形，含种子 120~250 粒。单株果实 8~20 枚，种子千粒重 0.89g ± 0.065g。喜温、喜光、耐寒、怕积水、忌大风。气温 10℃种子开始发芽，最适宜发芽温度为 20~25℃。在 4 月下旬至 5 月初，日平均气温在 10℃返青，气温 20~25℃开花，9 月下旬至 10 月初气温低于 10℃进入枯萎期。适宜生长温度 10~30℃，最适生长发育温度为 20℃。品质分析浸出物含量 18.2%，总皂苷含量 8.39%，桔梗皂苷 D 含量 0.42%，根条优质率 80% 以上。本品种倒伏率为 9.2%，比混杂种（对照）降低 32.5%；枯病发病率 7.4%，比混杂种发病率降低 21.2%。生育日数 125~145d。

产量表现　3 年生平均公顷产量 34 100kg，比混杂种（对照）增产 16.9%。

栽培技术要点　① 选地和整地：选择土层深厚、有机质含量高、质地疏松、排水良好的壤土或沙壤土，土壤 pH 值 6.5~7.0 为宜。畦高 15~20cm，畦宽 120cm。每公顷施腐熟的有机肥 3.0~3.75 万 kg，也可加过磷酸钙或饼肥 750kg。② 播种与定苗：春播于 4 月下旬至 5 月上旬，秋播于 10 月中下旬进行。行距 15~20cm 开沟，沟深 1.5~2.0cm，播幅 8~10cm，覆土 1~1.5cm，公顷播种量 15~25kg。定苗株距 3~5cm。③ 追肥：苗期可追施稀人畜粪水 1 次，开花前每公顷施过磷酸钙 400kg。④ 病虫害防治：地上部病害播种前用 40% 福尔马林 100~150 倍液浸种 10 分钟，或用 50% 多菌灵按 3 ∶ 100 的比例拌种；发病前用 77% 可杀得可湿性粉剂 500 倍液防治；发病后可根据发病种类用 80% 大生 600 倍液、50% 代森锰锌 500 倍液、50% 多菌灵 600 倍液、25% 施保克 800 倍液喷雾防治。根部病害在整地时每亩撒施 5kg 50% 多菌灵进行土壤消毒；发病初期及时拔除病株烧毁，并用 10% 石灰水浇注病穴；也可用 96% 恶霉灵 3 000 倍液或 50% 多菌灵 600 倍液喷施灌根。⑤ 收获期：栽培的第 3 年 9 月中旬收获。

制种技术要点　制种区用网室隔离，或设500m以上的隔离区。选择2年生生长健壮植株，于8月中、下旬剪去弱小的侧枝和顶端较嫩的花序。9月下旬当蒴果变黄，果顶初裂时连果梗、枝梗一起割下，置通风处后熟3~4d，然后晒干，脱粒，去除瘪子和杂质。

适宜区域　吉林省无霜期125d以上地区栽培。

选育单位　中国农业科学院特产研究所

8. 五味子新品种——嫣红

作物种类　五味子 *Schisandra chinensis*

品种名称　嫣红

品种来源　原始材料来自1998年于吉林省磐石市石咀乡碾盘村进行野生资源调查时发现的优良单株，经多年系统选育而成。

特征特性　落叶木质藤本，当年生枝条褐色，多年生枝条灰褐色。叶片卵圆形，叶色深绿；花单性，雌雄同株，花被片黄白色，内轮花被片基部粉红色。果穗较紧密，穗长5.4~8.2cm，平均穗重18.07g，最大穗重23.1g，穗柄长3.0~5.1cm。果粒豌豆形，红色，平均粒重0.59g。种子黄褐色，千粒重29.37g。品质分析果实可溶性固形物含量13.5%，还原糖含量5.63%，总酸含量6.42%，五味子醇甲0.72%，五味子醇乙0.21%，五味子乙素0.16%，出汁率58.4%。具有较强的抗黑斑病能力。

每年4月25日前后萌芽，5月下旬开花，在吉林地区露地栽培9月5日前后果实成熟。开花至果实成熟需100d左右，为中熟品种。嫁接苗定植后2年开始结果，盛果期平均公顷产量可达12 000kg。

栽培技术要点　①育苗：采用嫁接法，砧木为五味子实生苗（采用在砧木下胚轴处嫁接的方法可避免地下横走茎的产生）。②栽植：栽植时期为春季5月上中旬，（适宜棚架栽培或篱架栽培），栽植密度为2.0m×1.0m或2.0m×0.5m；采用沟栽，挖深

0.4~0.5m，宽 0.4~0.6m 的定植沟。③ 土肥水管理：土壤以沙壤土（中性至微酸性）为宜，每年中耕除草 4~5 次。每年追肥 2 次，第 1 次在开花前（5 月中旬），追速效性氮肥及钾肥；第 2 次在植株生长中期（8 月上旬）追施速效性磷肥、钾肥。随着树体扩大，肥料用量逐年增加，每株施硝酸铵 25~100g，过磷酸钙 200~400g，硫酸钾 10~25g。采果后施入基肥，每株 10~15kg。上冻前灌封冻水。④ 修剪：栽植当年定干，剪留长度为 5~10cm，即剪留基部 3~5 个芽。每株选留 2 组主蔓，在每个支持物上保留 1~2 个固定主蔓，主蔓上着生结果母枝，每个结果母枝间距 15~20cm，均匀分布，结果母枝上着生结果枝及营养枝，形成 2 组主蔓的单壁篱架或小棚架树形。⑤ 病虫害防治：常见病害是黑斑病，发病期喷 50% 的代森锰锌可湿性粉剂 500~600 倍液，每隔 10d 喷 1 次，共喷 3 次。主要虫害是女贞细卷蛾，危害期喷 20% 溴氰菊酯 2 000~3 000 倍液，每隔 15~20d 喷 1 次，共喷 2~4 次。

适宜区域 吉林省无霜期≥ 120d，≥ 10℃积温 2 300℃以上地区。

选育单位 中国农业科学院特产研究所

9. 水飞蓟新品种——汪蓟 2 号

作物种类 水飞蓟 *Silybum marianum* (L.) Gaertn.

品种名称 汪蓟 2 号

品种来源 原始材料来自本地水飞蓟栽培试验田中选择优良单株，经多年系统选育而成。

特征特性 草本，株高 70~100cm，主根直或偏斜。茎直立，上部分枝。叶互生，无柄，叶片宽椭圆形，羽状深裂，裂片边缘有刺。头状花序，总苞片多层，顶端有刺，花筒状，紫红色。瘦果长椭圆形，成熟灰黑色，千粒重 34g，花果期 8—9 月。耐低温，能耐 -4℃的低温，抗霜冻；早春即可栽植，对土壤要求不严，一般沙壤土、黑黏土、白浆土等都可种植。为早熟品种，生育期100d 左右，年活动积温 2 000~2 500℃，降水量 500~700mm，8 月初即可开始采收。品质分析总黄酮含量 74.3%，其中，水飞蓟滨 35.4%，水飞泞 2.7%，水飞汀 29.7%，异水飞滨 6.5%。

抗逆性 ① 抗病虫害：抗白绢病、抗蚜虫危害，皆好于引进品种。② 抗霜冻：对霜冻的抗性极强，受害率为 1.6%，对照品种“汪蓟 1 号”为 2.6%。

产量表现 “汪蓟 2 号”种子平均亩产 260kg，比对照“汪蓟 1 号”增产率为 4%。平均黑籽率为 85%，比对照“汪蓟 1 号”提高 2.8%。

栽培技术要点 ① 选地：一般选择土质肥沃、排水良好的沙壤土、壤土、坡耕地、撂荒地进行种植。机械翻地细耙并结合翻耕施基肥打垄，垄宽 60cm，一般公顷施腐熟好的农家肥 30~50m^3。② 播种：4 月末至 5 月初，选择千粒重 33g 以上，种子纯度在 95% 以上，黑籽率在 80% 以上，发芽率在 80% 以上的良种播种。每亩播种量为 0.5~1kg，育种田栽植株数不少于 9 000 株。覆土 1.5cm，覆土后用磙子镇压。③ 田间管理：间苗时，每穴留 2 株，当苗长至 5~6 片真叶时，进行定苗，每穴留壮苗 1 株，株距 30cm。定苗后进行第 1 次中耕，苗封垄前进行第 2 次中耕。④ 采收：8 月初开始成熟一批采收一批。球果变黄时为适宜采收期，选晴天采收，

适宜区域 吉林省无霜期 105~115d 的高寒山区。

选育单位 吉林省延边长白山药业有限公司

10. 人参新品种——益盛汉参 1 号

作物种类 人参 *Panax ginseng* C. A. Mey.

品种名称 益盛汉参 1 号

品种来源 原始材料来自 1994 年以在抚松收集的“马牙类型”

人参混杂群体为基础材料，经过在集安多年选育，获得抗红皮病能力强及适合非林地种植的人参新品种。

特征特性　根圆柱形，表面浅黄色；4年生主根长6~8cm，平均单根重26.3g。种子长度为4.20~6.20mm，厚度为3.00~3.50mm，宽度为2.50~3.50mm；种子千粒重（含水量15%）23~28g。在集安5月初地温达到10℃左右出苗，5月中旬气温达到13℃以上展叶，5月末至6月初气温达到15℃以上开花，7月中旬至8月上旬气温达到20℃以上红果，9月下旬至10月上旬枯萎。品质分析4年生参根总皂苷含量为4.00%，单体皂苷Re+Rg1、Rb1含量分别为0.63%、0.32%；对照总皂苷含量为3.41%，单体皂苷Re+Rg1、Rb1含量分别为0.45%、0.18%。对红皮病有极强的抗病能力，病情指数为0.030，对照病情指数为0.803。

产量表现　4年生鲜参每平方米产量0.76kg，比对照增产18.75%。

栽培技术要点　① 选地整地：选择pH值在5.0~6.5的沙壤土。床高30~50cm，床宽100~110cm，床间距离80~90cm。② 播种：10月上旬至封冻前，播种裂口籽。③ 田间管理：4月上旬至下旬搭棚调光；及时进行病虫害防治；11月上旬至下旬下棚膜。④ 种子生产：留种田要进行疏花、疏果，以利培养大籽。一般在7月下旬至8月上旬采收，可进行一或二次采收。⑤ 采收：9月中旬至10月上旬采收鲜参。

推广区域　吉林省白山地区、通化地区。

选育单位　吉林省集安益盛药业股份有限公司、吉林农业大学

11. 人参新品种——新开河1号

作物种类　人参 *Panax ginseng* C. A. Mey.

品种名称　新开河1号

品种来源　原始材料来自1981年收集的3788株集安“二马

牙”原始群体，经多代系选而成。。

特征特性　根圆柱形，表面浅黄棕色；茎绿色，与茎着生端的复叶叶柄内侧为紫色。花序有小花30~60朵，果实为浆果状核果，未经疏花单株（4年生）可采果实30~55枚。每株可产种子60~70粒，干种子千粒重34g左右。生育期120d以上。5月初地温稳定通过10℃出苗；5月下旬至6月初地温稳定通过13℃开花；6月初至6月下旬地温稳定通过15℃绿果；7月中旬至8月上旬地温稳定通过18℃红果；10月初至10月中旬进入枯萎期。品质分析4年生皂苷（Rg1+Re）含量为0.60±0.05%，皂苷Rb1含量为0.20±0.17%；对照皂苷（Rg1+Re）含量为0.47±0.35%，Rb1含量为0.21±0.15%。抗逆性：中抗黑斑病。田间黑斑病发病指数为15%，对照为25%。

产量表现　6年生每平方米产量2.29kg，比对照增产17.5%。

栽培技术要点　① 整地和做畦：山地最好用隔年地，播栽前刨两遍；畦高25~40cm，畦宽120~150cm，畦间距离80cm。② 播种和移栽：春季、秋季均可种植，最好选秋季，播催好芽的种子，每平方米播种量30~50g；种植制度为“二二二”制，移栽行距20~25cm，每行12株左右，播后复土3~4cm。③ 田间管理：棚式采用拱形棚或复式棚，拱形棚床面距拱顶高120cm，复式棚上面遮阳网距马道高180cm。山地参棚透光率20%~30%。病虫害防治遵循“预防为主，综合防治”的原则。越冬防寒，在10月中下旬人参枯萎后，在畦面上覆盖5cm左右的稻草、秸秆或树叶，上覆参膜用土压住，防止人参冻害。④ 种子生产：在人参长到4、5年生时，去杂选壮株，及时疏花、疏果，培养大籽留种，7月下旬至8月上旬采收。⑤ 采收：9月中旬至10月上旬采收鲜参。

适宜区域　集安及其周边生态气候相似的人参产区。

选育单位　中国医学科学院药用植物研究所、集安人参研究所、康美新开河（吉林）药业有限公司

12. 细辛新品种——中农细辛 1 号

作物种类　细辛 *Asarum sieboldii* Miq.

品种名称　中农细辛 1 号

品种来源　原始材料来自通化县快大茂镇欢喜岭村细辛栽培群体中的变异单株，于 1997 年引种至中国农业科学院特产所，通过集团混合选择育种，经多年选育而成。

特征特性　须根系，土黄色至黄棕色，单株须根数 60~90 条，根长 19~26cm。叶黄绿色、卵状心形或近肾形。叶柄近青紫色，叶柄横切面近三角形。花单一，花被筒壶形，紫色，裂片紫色、外翻。果实半球形。种子卵状圆锥形，种皮深褐色，种子千粒重 4.7g。阴生，1~3 年生在透光率 20%~30% 条件下生长发育良好，4 年生以上在透光率 40%~50% 条件下生长发育良好。4 月下旬出苗、伴随展叶与现蕾，5 月中旬开花，5 月下旬进入果期，6 月下旬果实成熟。种子具有后熟特性。7 月越冬芽分化完毕，8 月下旬发育成熟，越冬芽具有休眠特性。10 月上旬地上部枯萎。品质分析：6 年生干燥根挥发油含量 2.962mL/100g，细辛脂素含量 0.276%，醇溶性浸出物含量 23.9%，马兜铃酸含量 <0.001%。

产量表现　6 年生平均公顷产量 1.850 万 kg，对照平均公顷产量 1.571 万 kg，比对照增产 17.8%。

栽培技术要点　① 选地和整地：选择疏松肥沃、湿润而不积水的棕壤土（pH 值 6.0~7.0）。苗床宽 120cm、高 15~20cm，作业道宽度 60~80cm。② 播种与移栽：6 月下旬采收种子。7—8 月播种，用 50% 速克灵 1 000~1 500 倍液浸种 30min，撒播在畦面上，覆土 0.5~1.0cm，同时覆盖松针保湿。9 月下旬进行移栽，用 50% 多菌灵可湿性粉剂 1 000 倍液浸泡种苗 1 小时，捞出控干浮水后移栽。行距 15~20cm，穴距 10~15cm，每穴栽植 3~5 株，覆土 3cm，搂平后覆盖松针保湿。③ 田间管理：覆盖 3~5cm 厚松针防寒，翌年春季出苗前将覆盖物撤除；出苗时搭设弓形荫棚，枯萎期撤掉遮阴棚；播种和移栽前在畦面上撒 3~5cm 厚与土壤混拌均匀的农家肥做基肥。在 5 月上、中旬和 7 月中、下旬，在行间开沟追肥，上冻前畦面上覆盖 1~2cm 厚的堆肥；及时浇水、排涝、除草。④ 病虫害防治：对细辛的主要病害叶枯病、锈病、菌核病和主要害虫蝼蛄、小地老虎、黑毛虫等要进行化学药剂防治。

适宜区域 吉林省内无霜期大于 110d，年降水量在 650~1 000mm 的东部山区、半山区。

选育单位 中国农业科学院特产研究所

13. 菘蓝新品种——农惠蓝 1 号

作物种类 菘蓝 *Isatis indigotica* Fortune

品种名称 农惠蓝 1 号

品种来源 原始材料来自安徽引种小叶型菘蓝混杂群体，经多年选育而成。

特征特性 主根深长，根圆柱形，表面浅黄色；主根长 30~40cm，直径 1.6~2.1cm，根重 20~30g。长角果长圆形，扁平翅状，具中肋，种子 1 枚。花期 5 月，果期 6 月。种子萌发温度范围为 20~35℃；20℃最适合幼苗生长。菘蓝的根部是先伸长后增粗的生长模式，8 月中旬到收获时，根长不再变化，根转入次生生长和有效成分累积，根粗缓慢增长。一般第二年开花结果。品质分析：根告依春含量（0.09 μg/g），对照 0.08 μg/g。具有较强的抗盐碱能力。

产量表现 平均每平方米根产量 0.83kg。

栽培技术要点 ① 选地：选地势高燥、排水良好的地块、土层深厚的沙质壤土。② 播种：4 月中旬垄作条播，播种深度 4~6cm，每亩用种量1.5~2.0kg。③ 田间管理：在株高4~7cm时，按株距6~7cm定苗，同时进行除草、松土。定苗后视植株生长情况，进行浇水和追肥。④ 病虫害防治：从春季开始，按照气候变化特点及不同生长发育时期的病虫害发生情况，采用高效低残药剂或杀菌剂交替使用进行防治。⑤ 留种：在1年生根收获时，选择无病虫害、粗大健壮、不分杈的根，按行距50cm、株距20~25cm移栽到肥沃的留种地上。11月下旬铺上一层稻草或覆盖地膜进行防寒。第2年春天返青后及时浇水、松土、施肥，5—6月种熟后，采下晒干，通风干燥处存放。⑥ 收获：在9月中下旬收根，去掉泥土。

适宜区域　吉林省白城地区。

选育单位　吉林农业大学、镇赉县惠众药业有限公司

14. 防风新品种——关防风1号

作物种类　防风 *Saposhnikovia divaricata* (Trucz.) Schischk.

品种名称　关防风1号

品种来源　原始材料来自1994年秋季，采集海拉尔地区野生关防风单株种子，种植后发现GF~092号单株表现出苗早、苗齐、产量高，后经多代选育而成。

特征特性　多年生草本，株高30~50cm。茎单生，叶丛生。伞形花序，花4~9朵。双悬果狭椭圆形或椭圆形，分果含种子1枚。种子白色，千粒重4.3g。3年生主根长20~30cm，直径1.0~1.5cm，表皮灰黄色，越冬芽以下蚯蚓头明显，渐尖，有鳞片，根头部有环状横纹。干燥的根断面黄白色，菊花心明显。生育期120~130d。4月气温4~5℃萌动，5月初气温10℃左右出苗，7月气温20~25℃时开花，9月下旬气温20℃左右果实成熟，10月下旬枯萎。土壤相对湿度在40%~80%，适宜生长。湿度过大易烂根。品质分析：升麻素苷和5-O-甲基维斯阿米醇苷总量0.284%。

田间观察，抗白粉病，对斑枯病抗病中等。

产量表现 3年生鲜根重平均每平方米为1.22kg。

栽培技术要点 ①选地、整地：选择有机质含量大于1%的沙壤土，pH值6.5~8.5。播种前一年的秋季或当年春季翻地，深度25~30cm，翻后宜镇压保墒。采用畦作，高15~20cm，宽120cm，畦间距50~70cm。②播种：春、秋两季均可播种，播种量每公顷25~30kg。覆土2cm。③田间管理：每年8月末9月初轻拖畦面，使关防风地上部受到轻微损伤，减少抽薹，提高防风药用价值和商品价值。④病虫害防治：每年6月中旬至9月中旬喷施70%代森锰锌600倍液或1.5%多抗霉素150倍液防治斑枯病。每隔7天喷药一次，连喷3次。安全间隔期15d。⑤收获：3年生留种田在9月中旬采收种子。3年后采收防风根。

适宜区域 吉林省防风种植区。

选育单位 吉林中森药业有限公司、吉林农业大学

15. 人参新品种——福星2号

作物种类 人参 *Panax ginseng* C. A. Mey.

品种名称 福星2号

品种来源 原始材料来自1983年收集的抚松“大马牙”2900株原始群体中，优选出丰产性好、主根长、综合性状优良、适合一倒制栽培的品系，经多代系统选育而成。

特征特性 根圆柱形，表面浅黄棕色；茎绿色，与茎着生端的复叶叶柄内侧为紫色。花序有小花30~60朵，果实为浆果状核果，未经疏花单株（4年生）可采果实30~55枚，总果柄长于植株茎高，总果柄：茎高=1.2：1，每株可产种子60~70粒，干种子千粒重34.8g左右。生育期120d左右。出苗期5月初地温稳定通过10℃出苗，出苗比其他农家品种早3~4d；5月下旬至6月初开

花，6 月初至 6 月下旬绿果，7 月中旬至 8 月上旬红果；果实成熟比其他品种晚 1 周左右；枯萎期 10 月初至 10 月中旬进入枯萎期。5 年生皂苷（Rg1+Re）含量为 0.42% ± 0.13%，皂苷 Rb1 含量为 0.32% ± 0.11%；对照皂苷（Rg1+Re）含量为 0.37% ± 0.15%，Rb1 含量为 0.31% ± 0.07%。抗锈腐病，田间病情指数为 5.7，对照为 40。

产量表现　4 年生每平方米产量 2.18kg，比对照增产 10.26%；6 年生每平方米产量 2.65kg，比对照增产 10.65%。

栽培技术要点　① 整地和做畦：山地最好用隔年地，播栽前刨两遍；畦高 25~40cm，畦宽 120~150cm，畦间距离 80cm。② 播种和移栽：春季、秋季均可种植，最好选秋季，每平方米播催芽种子 30~50g。种植制度为“三三”制，移栽行距 20~25cm，每行 16 株左右（株距 10cm 左右），播后复土 3~4cm。③ 田间管理：采用拱形棚，拱形棚床面距拱顶高 120cm。参棚透光率 20%~30%。病虫害防治遵循“预防为主，综合防治”的原则。10 月中下旬人参枯萎后，在畦面上覆盖 5cm 左右稻草、秸秆或树叶，上覆参膜用土压住，预防人参冻害。④ 种子生产：在人参生长四五年生时，去杂选壮株，及时疏花、疏果，培养大籽留种，采收时间为 7 月下旬至 8 月上旬。⑤ 采收期：9 月中旬至 10 月上旬进行鲜参采收。

适宜区域　抚松及其周边生态气候相似的长白、敦化等海拔不超过 1 000m，无霜期在 100~125d 的人参种植区。

选育单位　抚松县参王植保有限责任公司、中国农业科学院特产研究所、抚松县人参研究所

16. 人参新品种——百泉人参 1 号

作物种类　人参 *Panax ginseng* C. A. Mey.

品种名称　百泉人参 1 号

品种来源 原始材料来自1992年将吉林省集安台上镇黄崴村二马牙引种后，进行二马牙后代群体多年选育，获得长芦（主根根茎较长）、抗性强、品质好的优良品系，经多年系统选育而成。

特征特性 根圆柱形，具有长芦性状，5年生芦头长2.16~2.26cm。芦碗紧密互生，根体表皮浅黄色，主根肩部具有细而深的环纹特征；5年生主根长5~7cm，根粗18mm左右，单根重9.7g左右。花序为伞形，通常有小花35~80朵，暗绿色雄蕊5柱头2裂。果实为浆果状核果，未经疏花单株（4年生）可采果实30~80枚，单果重0.21~0.26g。种子长度4.8~5.5mm，厚度2.5~3.0mm，宽度3.4~4.8mm；干种子千粒重29.0~30.1g。4月下旬至5月上旬地温8℃左右时，开始缓慢出苗，地温稳定在10~15℃时，出苗最快；5月中旬气温14~18℃时展叶；5月下旬平均气温16℃以上开花；6月上旬至7月中旬气温18℃以上绿果；7月下旬至8月上旬气温20℃以上红果；9月下旬至10月上旬枯萎。品质分析：5年生总皂苷含量为3.48%、皂苷Re+Rg1为1.16%；Rb1为0.38%。对照总皂苷含量为2.09%、皂苷Re+Rg1为0.80%；Rb1为0.26%。抗根腐病，病情指数为0.028，对照为0.801。

产量表现 平均每平方米产量0.77kg。

栽培技术要点 ①选地整地和做床：选择棕色森林土、山地灰化森林土，富含有机质，含砂量较大，排水透气性良好，pH值5.5~6.5。在播种或栽参前一年整地做床，床高30~35cm，床宽1.2~1.5m，作业道宽70~80cm。②播种：直播，10月上旬至封冻前，播种裂口籽。采用压眼器人工播种，3×5cm点播，每穴1粒。③搭棚：采用平棚透光棚。4月中、下旬搭好棚架，根据出苗情况上棚膜。采用6~8道、宽200cm的蓝色抗老化参膜。④病虫害防治：遵循“预防为主，综合防治”原则。从春季开始，按照气候变化特点及不同生长发育时期的病虫害发生情况，采用经过筛选的高效低残药剂或杀菌剂交替使用进行防治。⑤越冬防寒：10月中下旬入冬时往床帮、床面覆盖防寒物（树叶、稻草、参膜等）。⑥ 种子生产：留种田要进行疏花，以利培养大籽。一般在 6 月上旬将 4 年生花序中间的 1/3 或 1/2 花蕾摘掉。采收时间一般在 7 月下旬至 8 月上旬，当人参果实充分成熟呈鲜红色时即可采摘，可进行 1 或 2 次采收。

适宜区域　吉林省白山、通化等人参种植区。

选育单位　通化百泉参业集团股份有限公司、吉林农业大学

17. 平贝母新品种——吉贝 1 号

作物种类　平贝母 *Fritillaria ussuriensis* Maxim

品种名称　吉贝 1 号

品种来源　原始材料来自 2002 年在通化长白山药谷集团平贝母规范化生产基地，采集鳞茎扁大（横径 / 立径 =2 ± 0.5）、紫茎紫花的品系，经集团选育而成。

特征特性　5 年生植株平均株高 45cm，叶数 18.5 片；茎紫色；花 1.4 朵单生于叶腋，紫色，呈钟形下垂；蒴果，内含 125 粒扁平种子；地下鳞茎扁大，横径 / 立径 =2 ± 0.5，表面乳白色或淡黄白色，由 2.2 枚鳞片组成，立径（0.5 ± 0.2）cm，横径（1.2 ± 0.5）cm，单个鳞茎鲜重 3g ± 0.5g。每年地温 5℃时出苗，4 月初展叶，5 月初开花，5 月下旬结果，5 月末至 6 月初进入夏季休眠期（平均气温 20~25℃）。8 月初地下根、芽分化，9 月须根快速生长，越冬芽也逐渐长大，10 月进入冬眠期。种子播种到新种子形成需 5 年时间。品质分析：总生物碱含量 0.1654%，对照 0.1418%。抗菌核病中等。

产量表现　平均每平方米产量 1.96kg。

栽培技术要点　① 选地：选择疏松、肥沃，富含有机质，排水良好的壤土、砂壤土。② 整地、作床与施肥：5—6 月栽种前，每亩施无害化处理的农家肥 3 000kg、氮磷钾复合肥 15kg，深翻

20cm 以上，整平耙细，做床。床宽 120cm，作业道 40cm，床高 20cm。③ 栽种：种植时间 6—7 月。栽种时，按行距 7cm，株距 5cm 条播。每亩用种鳞茎量 300kg。④ 种植遮阴作物：大豆或玉米，参考大田作物种植方法。⑤ 主要病虫害防治：对锈病用 25% 粉锈宁粉剂 300 倍液，喷雾防治；对菌核病采用综合防治策略。对蛴螬、金针虫、蝼蛄等地下害虫采用常规方法防治。⑥ 采收：种植第 2 年 6 月初收获鳞茎。

适宜区域　吉林省东南部山区的平地或缓坡地。

选育单位　吉林农业大学、通化师范学院、通化吉通药业有限公司

18. 五味子新品种——红珍宝

作物种类　五味子 *Schisandra chinensis*

品种名称　红珍宝

品种来源　原始材料来自 2003 年在吉林市左家镇中国农业科学院特产研究所试验田 5 年生实生苗中选出优良单株，经多年系统选育而成。

特征特性　蔓细柔软，在篱架上高达 4~5m，茎皮灰褐色，皮孔明显，单叶互生，叶片椭圆形，长 10.3cm，宽 7.0cm；叶柄紫红色，长 2.7cm。芽易形成，尖、大、褐色，花单性，黄白色，有 4~5 朵花轮状分布于新梢基部，雌雄同株。果穗平均重 13.5g，长 9.2cm，果粒近圆形，平均粒重 0.65g。4 月下旬萌芽，5 月上旬展叶，5 月下旬至 6 月初开花，花期 10~14d，单花 6~7d 开完，7 月下旬果实开始着色。8 月末至 9 月上旬果实成熟，10 月下旬落叶。树势强健，萌芽率为 90.7%，在一般管理条件下，苗木定植第 3 年开花结果，5 年进入盛果期。以中长枝结果为主。品质分析：可溶性固形物含量 6.0%，总糖 3.44%，总酸 6.57%，维生素

C19.4mg/100g，出汁率 54.6%，五味子醇甲含量 0.54%。抗寒性强，抗病性（白粉病、黑斑病）中等。

产量表现　在株行距 1.0×2.0m，篱架栽培条件下，3 年生园亩（666.7m^2）产浆果 350kg，4 年生园 440kg，5 年生以上园 670kg 以上。

栽培技术要点　① 育苗：采用嫁接、根蘖、分株法、扦插法。② 栽植：4 月下旬至 5 月上旬栽植，密度为 1m×2m；定植前挖宽 100cm、深 60cm 的栽植沟，回填土后栽植带高出地面 10cm 左右。③ 土肥水管理：以微酸性沙壤土为宜；每年追肥 2 次，第 1 次在萌芽期（5 月初），追氮钾肥；第 2 次在植株生长中期（7 月上旬）追施磷钾肥。肥料用量逐年增加，尿素 25~100g/ 株，过磷酸钙 200~400g/ 株，硫酸钾 10~25g/ 株；上冻前灌封冻水。④ 插架杆：在第 2 年春季（5 月上中旬）将竹竿插在植株两侧，间距 50cm，用细铁线固定在三道架线上，竹竿入土部分涂上沥青以延长使用年限。每个竹竿上保留 2~3 个固定主蔓。⑤ 修剪：冬季修剪以 3 月中下旬完成为宜。修剪时，剪口离芽眼 2.0~2.5cm，离地面 30cm，架面内不留侧蔓，在枝蔓未布满架面时，对主蔓延长枝只剪去未成熟部分；对侧蔓的修剪以中长梢修剪为主（留 6~8 个芽），间距保持 15~20cm，单株剪留中长枝 10~15 个；夏季对新梢留 8~10 节摘心。⑥ 病虫害防治：常见病害是黑斑病和白粉病，萌芽前用 5° 石硫合剂喷施枝蔓，6 月中旬 8 月中旬每隔 10~15 天喷施 1 次 600~800 倍代森锰锌液防治黑斑病，6 月中旬 7 月中旬每隔 10~15 天喷施 1 次 800~1 000 倍甲基托布津液防治白粉病。主要虫害有食心虫、泡沫蝉、金龟子成虫和天幕毛虫等，喷 1500 倍高效氯氰菊酯液，每隔 15d 喷 1 次，共喷 3 次。

适宜区域　吉林省中东部地区，无霜期 120d 以上，≥ 10℃年积温 2 300℃以上区域栽培。

选育单位　中国农业科学院特产研究所

19. 灵芝新品种——中农大阳 1 号

作物种类 灵芝 *Ganoderma Lucidum*

品种名称 中农大阳 1 号

品种来源 原始材料来自吉林省和龙市大阳参业基地的松树伐木上采集的野生松杉灵芝子实体进行组织分离，经多年选育而成。

特征特性 ① 菌丝体性状：菌丝洁白、浓密，均匀一致，紧贴培养基生长，菌落边缘整齐。菌丝生长温度范围 15~35℃，适宜生长温度 18~28℃，最适生长温度 23~26℃。② 子实体性状：子实体柄短，扇形，多数子实体层生或单生，扇面形状好，扇面直径 5~20cm，菌柄直径 0.5~1.5cm、长 3~5cm；少数柄长，柄上分叉，扇面不明显，子实体个体大。子实体深红棕色，表面光滑，有漆样光泽，菌管孔白色，孢子少，形状与野生松杉灵芝接近，商品性好。子实体原基生长温度范围 18~25℃，子实体适宜生长温度 23~28℃。③ 生育期：早熟品种。三级种采用 15cm × 33cm 聚丙烯折角袋，菌丝 35~45d 长满菌袋，发菌期 8~9 个月。当年 9—10 月埋于林下土中，次年 6 月前后长出子实体，子实体生长期 30~40d。④ 抗逆性：在 2010—2013 年区域试验和大规模栽培试验中，出芝阶段未有小芝、畸形芝发生，在 2010—2014 年出芝情况调查中，菌袋污染率在 7% 以下，杂菌感染菌袋稍高于对照品种赤芝，属中抗品种。

产量表现 2010 年区域试验平均产量 4.88kg/ 百袋，比对照赤芝减产 13.78%；2011 年区域试验平均产量 5.01kg/ 百袋，比对照赤芝减产 15.36%；两年平均比对照赤芝减产 14.57%。2012 年生产试验平均产量 5.35kg/ 百袋，比对照赤芝减产 13.01%；2013 年生产试验平均产量 5.1kg/ 百袋，比对照赤芝减产 13.61%；两年平均比对照赤芝减产 12.31%。

栽培技术要点 ① 菌段生产：每年 2—3 月生产菌段，选用松木与柞木，冬季伐木，然后截段、劈段、捆段、装袋，常压灭菌、无菌接种，接种后在 20~26℃条件培养，35~45d 菌丝长满袋。② 选地：栽培场地选择海拔高度 300~700m、空气相对湿度较大、土壤保湿性好、土壤偏酸性、郁闭度在 0.5~0.7 的针阔混交林地，背风向阳的东南坡。③ 整地埋段：清除大块碎石，修剪杂草，挖坑栽芝。坑深约 20cm，直径 15cm，9—10 月脱袋埋段，1m^2 埋 8~10 段，用挖坑的原土填实，覆土至距木段顶端 2cm 为宜，不宜过薄或过厚。覆土后向坑内补水使其湿度达 85%。菌段在野外环境过冬，第 2 年 4—5 月菌丝恢复生长，5—6 月菌丝快速生长，6 月中旬长出子实体原基，7 月中旬子实体成熟。④ 出芝管理：子实体生长阶段定期检查，并清除杂草，芝柄长 3cm 时疏枝，每段保留 1~2 个健壮子实体。遇到污染菌段及时拣出深埋。松杉灵芝子实体在生长过程中需要充足的氧气，对二氧化碳十分敏感，注意通风换气，减少畸形芝产生。在有杂草、树枝等影响芝体生长时要及时清除，避免子实体中夹带草叶、树枝。⑤ 采收：松杉灵芝子实体黄边消失，即将弹射孢子前采收，并及时晾晒。

适宜区域　吉林省东部山区林下栽培。

选育单位　中国农业科学院特产研究所、延边大阳参业有限公司

20. 刺五加新品种——中农五加 1 号

作物种类　刺五加 *Acanthopanax senticosus* (Rupr. Maxim.) Harms

品种名称　中农五加 1 号

品种来源　原始材料来自 1998 年在吉林市左家镇野生驯化栽培的短梗刺五加群体，选择一批早熟、分枝能力强的优良单株，经多次混合选择选育而成。

特征特性　灌木或小乔木，高 2~5m；树皮暗灰色或灰黑色，无刺或疏生刺；刺粗壮，叶有小叶 3~5；倒卵形或长圆状倒卵形

至长圆状披针形，稀椭圆形，长 8~18cm，宽 3~7cm。头状花序紧密，球形，直径 2~3.5cm，有花多数，花无梗；萼密生白色绒毛，果实倒卵状椭圆球形，黑色，宿存花柱长达 3mm。花期 8—9 月，果期 9—10 月。短梗刺五加喜欢充足的光照条件。土层深厚、疏松肥沃、排水良好的壤土或沙质壤土，pH 值 6.5~7.0。适宜的土壤含水量为 50%~60%。种子在温度 12℃以上开始发芽，最适宜发芽温度为 20~25℃；4 月下旬至 5 月初出苗（返青），开花期为 8 月至 9 月，果期 9 月，果熟期 9 月下旬，枯萎期 9 月下旬至 10 月初，收获期 10 月下旬。生育期 125~130d。黑斑病发病率 21.3%，混杂种发病率 15.9%。品质分析为刺五加苷 B 含量 3.14mg/g，刺五加苷 E 含量 1.14mg/g。

产量表现 2011 年 3 年生平均鲜茎单产 0.95 万 kg/hm^2，比对照（0.90 万 kg/hm^2）增产 5.6%；2012 年 4 年生平均单产 1.25 万 kg/hm^2，比对照（1.20 万 kg/hm^2）增产 4.2%。2013 年 5 年生平均单产 1.43 万 kg/hm^2，比对照（1.33 万 kg/hm^2）增产 7.5%。

栽培技术要点 ① 选地和整地：短梗刺五加性喜温暖、潮湿的环境，首先要选土层较厚，有机质含量高，保水性强的沙壤土，土壤以中性或偏酸性为好，pH 值不能超过 7.0。② 种子催芽处理：9 月下旬至 10 月上旬，果实变黑时采收。用清水泡 2d，搓揉、漂洗出饱满成熟种子。将种子与湿润河沙按 1∶3 匀混沙藏处理，当种子裂口 30% 左右即可播种。③ 播种：在床面上开 2~3cm 深沟，行距为 15cm，撒入种子，覆土 0.5~1.5cm，播种后盖 1~2cm 厚的稻草或用遮阳网遮阴，干时浇水，约 1 周后陆续出苗。④ 田间管理：当苗出土后应采取遮阴措施，加强栽植后的除草松土。开花期追施腐熟好的有机肥或复合肥，追肥量 20~40kg/ 亩。⑤ 移栽：选择高 3.5cm 以上，地茎 0.3cm 以上且根系较发达的苗移栽。以春植苗木为主，时间在 4 月中、下旬，秋植在 10 月中、下旬。开沟或挖穴栽植，覆土厚度 3cm 左右，踩实土，在根茎以上苗 3cm

左右长度断干，立即浇足 1 次水。可进行冬季修剪和夏季修剪。⑥ 病害防治：短梗刺五加主要病害为霜霉病、黑斑病和煤污病；短梗刺五加主要虫害有五加肖个木虱、蛴螬、地老虎、蝼蛄等。⑦ 采收：短梗刺五加定植 3 年后即割取地上茎做货。每年秋季或翌年春季割取地上茎，割取后截至 30~40cm 长，捆成捆入库待售。⑧ 制种技术：制种区用网室隔离，或设 500m 以上的隔离区。选择 3 年生生长健壮植株，于 8 月中、下旬剪去弱小的侧枝和顶端较嫩的花序。9 月下旬当果变黑后采收，用清水泡 2d 后搓揉、漂洗出饱满成熟种子，装入种子袋，阴干备用。

适宜区域 吉林省无霜期 120d 以上山区栽培。

选育单位 中国农业科学院特产研究所

21. 桔梗新品种——吉梗 2 号

作物种类 桔梗 *Platycodon grandiflorus* (Jacq.) A. DC.

品种名称 吉梗 2 号

品种来源 原始材料来自 1994 年由吉林市农业科学院引入桔梗种子，经种植发现群体内存在多个变异类型，利用集团选择法，多年选育而成。

特征特性 多年生草本植物，主根呈长圆锥形至圆柱形，3 年生主根长 10.0cm 左右，主根上部直径 24.5mm 左右，支根 4~6 条。茎圆形，表面黄绿色，3 年生株高 88.3cm 左右，平均茎粗 4.5mm，分枝数 4~6 个。叶片卵形或卵状披针形，3 年生叶片长平均 6.53cm，叶宽 3.58cm。花冠钟形，紫色，3 年生开花 13~25 朵。果实为蒴果，扁圆形至球形，内含种子 150~250 粒。单株果实 10~20 枚，种子千粒重（1.11 ± 0.012）g。喜欢充足的光照条件，适宜于土层深厚、疏松肥沃、排水良好的壤土或沙质壤土，忌低洼易涝地，pH 值 6.5~7.0。适宜的土壤含水量为 20%~30%。5

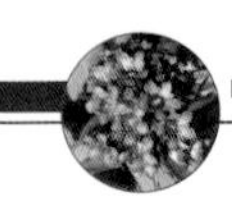

月上旬出苗（返青），开花期为7月中旬至8月末，果期7月下旬至9月下旬，果熟期9月下旬，枯萎期9月下旬至10月初。抗逆性与紫花桔梗混杂种无明显差异。品质分析为浸出物含量21.5%，总皂苷含量10.8%，桔梗皂苷D含量0.26%。

产量表现 2010~2013年在吉林省多产区进行生产试验，3年生鲜根平均单产3.51万kg/hm^2，比对照增产17.9%。

栽培技术要点 ①选地和整地：选择土层深厚、有机质含量高、质地疏松、排水良好的壤土或砂壤土，pH值6.5~7.0为宜。畦高15~20cm，畦宽120cm。每公顷施腐熟有机肥3.0~3.75万kg，也可加过磷酸钙或饼肥750kg。②播种、育苗：春播于4月下旬至5月上旬，秋播于10月中下旬进行。行距15~20cm开沟，沟深1.5~2.0cm，播幅8~10cm，覆土1~1.5cm，播种量15~25kg/hm^2。育苗田按2~3cm株距定苗，直播田定苗株距6~8cm定苗。③移栽：育苗第1年9月下旬到上冻前，或第2年春季4月下旬种苗萌动前进行移栽，行距20cm、株距6~8cm。④追肥：苗期可追施稀人畜粪水1次，开花前每公顷施过磷酸钙400kg。⑤病虫害防治：地上部病害主要有轮纹病、枯萎病。防治在播种前用40%福尔马林100~150倍液浸种10分钟，或用50%多菌灵按3 ∶ 100的比例拌种；发病前用77%可杀得可湿性粉剂500倍液防治；发病后根据发病种类用80%大生600倍液、50%代森锰锌500倍液、50%多菌灵600倍液、25%施保克800倍液喷雾防治。根部病害防治，整地时用50%多菌灵每亩5kg撒施进行土壤消毒；发病初期拔除病株烧毁，用10%石灰水浇注病穴；亦可用96%恶霉灵3 000倍液或50%多菌灵600倍液喷施灌根。⑥收获：3年生，9月中旬可收获。

适宜区域 吉林省无霜期120天以上地区栽培。

选育单位 中国农业科学院特产研究所

22. 玉竹新品种——玉立 1 号

作物种类　玉竹 *Polygonatum odoratum*（Mill.）Druce

品种名称　玉立 1 号

品种来源　原始材料来自 2002 年采集松江河林业局西江村林地野生玉竹资源，从种植混杂群体中选择优良单株“yz-07”，经多年系统选育而成。

特征特性　多年生草本。三年生根茎粗 1.2~1.7cm，呈压扁状圆柱形，表皮黄白色，根表面具不规则凸起，表面根毛较多；株高 70cm 左右，叶绿色，互生，叶片椭圆形，先端钝尖，基部楔形，叶缘深绿色。花腋生 3~5 朵，绿白色，花梗俯垂，花被筒状，顶端 6 裂，雄蕊 6，着生于花被筒中部；浆果球形，成熟时暗紫色，种子卵圆形，黄褐色，无光泽。喜阴湿、凉爽气候，适宜微酸性黄沙土壤中生长。出苗温度 9~13℃，开花 18~22℃，花期 5—7 月，果期 7—9 月，种子具有生理后熟特性，种子寿命为 2 年。生育期 90~120d。2012—2014 年，田间调查褐斑病病情指数 11.8%。品质分析根茎含玉竹多糖（7.00 ± 0.45）%。

产量表现　2013 年平均公顷种子产量 610kg，根茎产量 31 933kg，分别比对照增产 33.75% 和 25.0%。2014 年平均公顷种子产量 619.5kg，根茎产量 34 237kg，分别比对照增产 37.2% 和 20.6%。两年平均公顷种子产量 614.7kg，根茎产量 33 085kg，分别比对照增加 35.47% 和 22.8%。

栽培技术要点　① 土地选择：选择土层深厚、肥沃疏松、排水良好、中性或微酸性的地块。② 种苗选择：根茎繁殖，选当年生长健壮、芽端整齐、略向内凹的粗壮分枝根芽。③ 栽植方法：9 月上旬至 10 月下旬，畦上开横沟深 17~20cm，行株距 30cm × 15cm，每公顷用种栽 2 500~3 000kg。栽后盖上腐熟农家肥，再盖一层细土与畦面齐平，覆盖稻草、玉米秆，厚度为

6~7cm，上覆盖薄土一层。④ 田间管理：生育期内施肥 2 次，下种时，施用农家肥 20 000~25 000kg/hm^2，翌年 8—9 月施农家肥 10 000~15 000kg/hm^2。同时清沟沥水，防止沤根，生育期间注意病虫草害的预防。⑤ 采收时期：栽后 3 年 8 月中旬采收。

适宜区域 吉林省海拔不超过 1 000m 的长白山区。

选育单位 长春中医药大学、白山老关东特产品有限公司

23. 人参新品种——中大林下参

作物种类 人参 *Panax ginseng* C. A. Mey.

品种名称 中大林下参

品种来源 原始材料来自 1983 年收集的抚松 2 900 株原始群体中，优选出须根长、根茎长参形优美、较耐低温的品系，经多代系选而成。

特征特性 生育期 120d 左右。出苗期 5 月初地温稳定通过 10℃出苗；出苗比农家品种早 3~4d；花期 5 月下旬至 6 月初地温稳定通过 13℃开花；绿果期 6 月初至 6 月下旬地温稳定通过 15℃绿果；红果期 7 月中旬至 8 月上旬；果实成熟比农家品种早 1 周左右；枯萎期 9 月初至 9 月中旬进入枯萎期。根圆柱形，表面浅黄棕色；茎绿色，与茎着生端的复叶叶柄内侧为紫色。掌状复叶顶端轮生，叶片暗绿色，呈椭圆形，边缘有细锯齿。花序有小花 10~30 朵，果实为浆果状核果，每株可产种子 10~30 粒，干种子千粒重 20.8g 左右。15 年生总皂苷含量为 4.548%、皂苷（Rg1+Re）含量为（0.60 ± 0.05）%、皂苷 Rb1 含量为（0.20 ± 0.17）%。抗红锈病。

产量结果 15 年生平均每平方米产量 35g。

栽培技术要点 ① 播种和移栽：春播或秋播均可，春播 4 月中旬至下旬，土壤解冻后。秋播（栽）10 月上旬至中旬至封冻前。

播种前用铁耙先将地表落叶清理至一边，用扎眼机进行扎眼点播。每孔播种 1~2 粒种子，覆土深度 3cm，播种后再将落叶回盖。栽苗前用铁耙先将地表落叶清理至一边，用铁锹采用 30° ~40° 斜叉进土层，参苗依坡度斜栽，拔出铁锹，土层回落，再将落叶回盖。② 田间管理：基地区域要实行封闭式管理，设置围栏，围栏 1 000m 内严禁播种各种农作物和进行采伐、放山、放牧、狩猎等行为。加强区域森林生态系统的护育。严禁使用各类化肥，农药。③ 种子生产：采种时期为 7 月下旬至 8 月中旬，林下参果实完全由绿变为鲜红时采摘。采种时用剪刀从花梗 1/3 上剪断，搓去果肉与瘪粒，再用清水洗净凉干或阴干。④ 鲜参采收：起参期在 9 月中旬开始，参叶变黄即可。以植株大小确定开始位置，用竹片沿山参主根、支根、须根小心剥土挖取，将参根小心取出，不要损伤根系的任何部分。

适宜区域　延吉、汪清、和龙、敦化等海拔 400~1 000m，无霜期在 100~125d 的人参种植区。

选育单位　长春中医药大学、白山老关东特产品有限公司

24. 灵芝新品种——中农阳芝 2 号

作物种类　灵芝 *Ganoderma Lucidum*

品种名称　中农阳芝 2 号

品种来源　原始材料来自山东省泰安市泰山采集野生赤芝子实体进行组织分离，经多年系统选育而成。

特征特性　晚熟品种，5 月中旬埋于林下土中，7 月下旬长出子实体，生长期 35~55d。菌丝体洁白，边缘整齐，生长温度范围 17~35℃，适宜温度 22~30℃。子实体中等，菌柄长 4~13cm；菌盖扇形，直径 3~13cm；绝大多数单生，深红色，表面光滑，有光泽；菌管孔黄色，孢子少。试验中未有小芝和畸形芝发生，污染率

在5%以下，属高抗品种。

产量表现 区域试验平均产量5.04kg/百段。生产试验平均产量5.65kg/百段。

栽培技术要点 ①菌段生产：每年2—3月生产菌段，选用柞木，冬季伐木，接种后在20~26℃条件培养，35~45d菌丝长满袋。②选地：海拔高度300~700m、空气相对湿度较大、土壤保湿性好、土壤偏酸性、郁闭度在0.5~0.7的阔叶混交林地，背风向阳的东南坡。③整地埋段：清除大块碎石，修剪杂草，挖坑栽芝，木段顶端覆土2cm。④出芝管理：子实体生长阶段定期检查，及时疏枝，并清除杂草。⑤采收：子实体黄边消失20d左右进行采收，及时晾晒。

菌种生产技术 ①母种生产：11月生产母种，25℃下培养10~15d菌丝长满试管斜面。②原种生产：1月15日前后生产于26℃ ±2℃下培养，30d左右长满菌袋。

适宜区域 吉林省东部山区。

选育单位 中国农业科学院特产研究所、延边大阳参业有限公司、大阳丰川林下经济种植专业合作社

25. 五味子新品种——金五味1号

作物种类 五味子 *Schisandra chinensis*

品种名称 金五味1号

品种来源 原始材料来自2004年辽宁省宽甸县永甸镇机匠沟村五味子栽培群体中发现的黄果单株，经多年系统选育而成。

特征特性 中晚熟品种。开花至果实成熟需100d左右。落叶木质藤本，当年生枝条褐色，多年生枝条灰褐色。叶片卵圆形，叶绿色；花单性，雌雄同株，花被片黄白色，内轮花被片基部粉红色。果穗中等紧密，平均穗长8.1cm，平均穗重21.1g，最大穗重32.2g，穗柄平均长度2.2cm。果粒近球形，黄色（向阳部位带红

晕），平均浆果粒重 0.78g。种子黄褐色，千粒重 37.35g。浆果可溶性固形物 9.9%，总酸含量 5.6%，出汁率 67.5%。干果五味子醇甲 0.55%，五味子醇乙 0.09%，五味子乙素 0.29%。露地栽培每年 4 月下旬萌芽，5 月下旬开花，9 月上旬果实成熟。具有较强的抗黑斑病能力。

产量表现　嫁接苗定植后 2 年开始结果，4 年生平均公顷产量 12 415.1kg。

栽培技术要点　① 育苗：采用嫁接及组织培养育苗，嫁接砧木为实生苗。② 栽植：栽植时期为 4 月中下旬，适宜棚篱架或篱架栽培，密度为 2.0m × 0.5m 或 2.0m × 1.0m。③ 田间管理：及时中耕除草；每年追肥 2 次，第 1 次在萌芽期追施速效氮肥，第 2 次在植株生长中期（8 月上旬）追施速效性磷、钾肥；速效氮肥为硝酸铵，每株 25~100g，速效磷钾肥分别为过磷酸钙每株 200~400g、硫酸钾每株 10~25g；采果后施入农家肥，每株 10~15kg；上冻前灌封冻水。④ 修剪：每株选留 1~2 组主蔓，分别缠绕于间隔 0.5m 的架杆上，每组主蔓由 1~2 个固定主蔓组成，主蔓上着生结果枝组或结果母枝。⑤ 病虫害防治：需进行黑斑病、白粉病和女贞细卷蛾等病虫害防治，采收前 20d 停止喷药。

适宜区域　吉林省无霜期≥ 125d，有效积温 2 500℃以上地区引种试栽。

选育单位　中国农业科学院特产研究所

26. 亚麻荠新品种——延世一号

作物种类　亚麻荠 *Camelina sativa* (Linn.) Crantz

品种名称　延世一号

品种来源　原始材料来自 Camelina sativa polkie 991 × Camelina sativa（L.）Crantz subsp. sativa 杂交后代（F_3）集团选育而成，品系

代号 KCYS 8。

特征特性 生育日数 90~100d。株高 90~100cm，基部分叉，叶先出，互生，叶披针形。抽薹开花，花序呈疏松伞状，荚呈倒梨形，两室，内有 10~16 粒种子。籽粒圆形，褐黄色，千粒重 1.0~1.2g。籽粒中粗脂肪酸含量 32.95%，粗蛋白含量 26.25 %。主要脂肪酸（含量）为油酸（20.7%~22.6%）、亚油酸（19.2%~24.4%）、亚麻酸（11.2%~15.0%）、棕榈酸（11.7%~14.2%），还含有二十碳烯酸、二十四烷酸、花生酸、硬脂酸、月桂酸、肉豆蔻酸、芥酸、二十三碳酸、二十二碳六烯酸等。生榨出油率 29%~31%。抗旱耐冷耐贫瘠，抗病虫性较强，开花期遇高温多湿发生轻度白粉病。

产量结果 一般公顷产量 1 970kg 左右。

栽培技术要点 ① 整地：秋季翻耙地。② 播种期：春播 3 月下旬至 4 月上旬（日平均温度 1℃以上可播）。③ 播种量：公顷播量 4~5kg（动力机播适当增加播量）。④ 播种密度：平播，行穴距 30cm × 10cm，公顷保穴数 30 万 ~33 万，每穴 3~6 株。⑤ 施肥：基肥公顷施磷酸二铵 50kg、尿素 50kg。⑥ 病虫草害管理：白粉病发病初期可用粉锈宁、甲基托布津、甲基硫菌灵等标准剂量喷施。采用早播、密播、精耕方式可控杂草；稳杀得等芳氧苯氧基丙酸类除草剂可安全防除禾本科杂草。⑦ 成熟、收割：荚色与粒色黄褐色时成熟，可用水稻、小麦联合收割机收割。⑧ 种子精选与保管：亚麻荠种子无休眠性，遇水快速发芽，收割、精选过程中，及时晒干，干燥场所保管。

适宜区域 吉林省亚麻荠种植区。

选育单位 延边大学、韩国世宗大学校产学协力财团（Sejong IndustryAcademy Cooperation Foundation）

27. 西洋参新品种——中农洋参 2 号

作物种类　西洋参 *Panax quinquefolius*

品种名称　中农洋参 2 号

品种来源　原始材料来自 1996 年在辽宁省桓仁县参场西洋参生产群体中选择黄色果实植株，经多年选育而成。

特征特性　5 月中上旬出苗，6 月上中旬展叶，6 月下旬出现花蕾，7 月中上旬开花，7 月下旬至 8 月上旬结果，果实黄色，茎和复叶叶柄绿色。4 年西洋参总皂苷含量 4.41%。

产量表现　4 年西洋参每平方米平均单产 1.68kg。

栽培技术要点　① 播种密度：株距 4~6cm，行距 20~25cm。② 病虫害防治：需要对主要病虫害进行防治。③ 越冬防寒：枯萎后，上覆盖防寒物，防止发生冻害。

适宜区域　吉林省无霜期大于 100 天的西洋参种植区域。

选育单位　中国农业科学院特产研究所、抚松县参王植保有限责任公司、吉林中森药业有限公司

28. 人参新品种——中农皇封参

作物种类　人参 *Panax ginseng* C. A. Mey.

品种名称　中农皇封参

品种来源　原始材料来自 1990 年从长白宝泉山参场栽培人参群体中收集 2 900 株须根发达、根茎短、产量高的集团，经多代选育而成。

特征特性　5 月初地温稳定通过 10℃出苗，5 月下旬至 6 月开花，6 月初至 6 月下旬绿果，7 月下旬至 8 月初红果，9 月中旬至下旬枯萎。复叶叶柄内侧为紫色，掌状复叶中两枚小叶为正常的 3/5，有分支小花序，适宜连作。

产量表现　6 年人参每平方米平均产量 2.2kg。

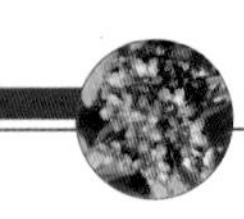

栽培技术要点　①播种和移栽：春播或秋播均可，春播4月中旬至下旬，秋播（栽）10月上旬至中旬。每平方米播种量30~50g。种植制度为“三三”制，移栽行距20~25cm，株距10cm，覆土3~4cm。②田间管理：采用拱形棚，拱形棚床面距拱顶高120cm，床面宽150~170cm。参棚透光率20%~30%。需要防治黑斑病和疫病。10月中下旬人参枯萎后，覆盖防寒物，防止人参冻害。③种子生产：果实成熟后采种，搓去果肉，洗净晾干或阴干。④鲜参采收：9月下旬采收。

适宜区域　吉林省海拔400~1 000m，无霜期90d以上的人参种植区。

选育单位　中国农业科学院特产研究所、长白山皇封参业有限公司

29. 人参新品种——新开河2号

作物种类　人参 *Panax ginseng* C. A. Mey.

品种名称　新开河2号

品种来源　原始材料来自吉林省集安市原国营一参场生产群体，在原农家大马牙类型基础上，经多年选育而成。

特征特性　5月初地温稳定通过10℃出苗，5月下旬至6月初开花，6月初至6月下旬绿果，7月中旬至7月下旬红果，10月初至10月中旬枯萎。6年人参总皂苷含量为2.65%，芦短、体长，适宜加工模压红参。

产量表现　6年人参每平方米平均产量2.59kg。

栽培技术要点　①播种和移栽：春播或秋播均可，春播4月中旬至下旬，秋播（栽）10月上旬至中旬。每平方米播种量30~50g。种植制度为“三三”制，移栽行距20~25cm，株距10cm，覆土3~4cm。②田间管理：采用“双畦脊型棚”，床面距脊高140cm，床面宽140~150cm。参棚透光率30%~45%。需要防治黑斑病和疫

病。人参枯萎后，覆盖防寒物，防止冻害发生。③ 种子生产：果实成熟后采种，搓去果肉，洗净晾干或阴干。④ 鲜参采收：9 月下旬采收。

适宜区域 集安市海拔 400~1 000m，无霜期 120d 以上的人参种植区。

选育单位 康美新开河（吉林）药业有限公司、中国农业科学院特产研究所、集安人参研究所

30. 人参新品种——边条 1 号

作物种类 人参 *Panax ginseng* C. A. Mey.

品种名称 边条 1 号

品种来源 原始材料来自 1982 年从集安参茸公司参场二马牙群体中，优选出体长、芦长、腿长的集团，经多代选育而成。

特征特性 5 月初地温稳定通过 10℃出苗，5 月下旬至 6 月初开花，6 月初至 6 月下旬绿果，7 月中旬至 7 月下旬红果，9 月下旬枯萎。6 年人参总皂苷含量为 3.55%，易感红锈病。

产量表现 6 年人参每平方米平均产量 1.64kg。

栽培技术要点 ① 播种和移栽：春播或秋播均可，春播 4 月中旬至下旬，秋播（栽）10 月上旬至中旬。每平方米播种量 30~50g。种植制度为“二二二”制，移栽行距 20~25cm，株距 10cm，覆土 3~4cm。② 田间管理：采用拱形棚或复式棚，拱形棚床面距拱顶高 120cm，床面宽 120~140cm。参棚透光率 20%~40%。需要防治黑斑病、疫病和锈腐病。人参枯萎后，覆盖防寒物，防止冻害。③ 种子生产：果实成熟后采种，搓去果肉，洗净晾干或阴干。④ 鲜参采收：9 月下旬采收。

适宜区域 集安市海拔 600~1 000m，无霜期 120d 以上的人参种植区。

选育单位 吉林联元生物科技有限公司

十三、湖南省中药材新品种选育情况

地区：湖南

审批部门：湖南省种子管理站

中药材品种审批依据归类：湖南省非主要农作物品种鉴定办法

湖南省中药材新品种选育现状表

药材名	品种名	选育方法	选育年份	选育编号	选育单位
籽莲	寸三莲1号	定向选育	2016	XPD002	怀化学院
葛	安锦1号	系统选育	2015	XPD024	怀化职业技术学院、麻阳苗族自治县农村综合改革办公室
葛	葛之星1号	系统选育	2015	XPD025	湖南省强生药业有限公司、湖南省农业生物资源利用研究所
鱼腥草	紫韵		2014	XPD013	湖南农业大学
黄花蒿	黄花蒿428-A	选育	2013	XPD008	湖南农业大学
鱼腥草	红玉	驯化、筛选和选育	2013	XPD012	湖南农业大学、湖南正清制药集团股份有限公司
鱼腥草	白玉	驯化、筛选和选育、	2013	XPD013	湖南正清制药集团股份有限公司、湖南农业大学
食用菌	湘北虫草1号	紫外诱变、	2013	XPD009	湖南农业大学、湖南省致远农业科技发展有限公司、长沙九峰生物科技有限公司

（续表）

药材名	品种名	选育方法	选育年份	选育编号	选育单位
食用菌	湘赤芝1号	驯化	2013	XPD010	湖南农业大学、湖南省致远农业科技发展有限公司、长沙九峰生物科技有限公司
葛	湘葛2号		2012	XPD009	湖南天盛生物科技有限公司
丹参	航丹1号		2012	XPD010	湖南中医药大学
茯苓	湘靖28	自选	2010	XPD007	靖州县湘黔食药用菌研究所
鱼腥草	湘白鱼腥草	系统选育	2009	XPD017	怀化学院
黄姜	安黄姜1号		2004	XPD018	湖南省安化县农业局
黄姜	安黄姜2号		2004	XPD019	湖南省安化县农业局
黄姜	安黄姜3号		2004	XPD020	湖南省安化县农业局

1. 籽莲新品种——寸三莲 1 号

作物种类 籽莲 *Pueraria lobata* (Willd.) Ohwi

品种名称 寸三莲 1 号

品种来源 原始材料来自寸三莲，通过其无性系变异株多代单藕定向选育而成。

鉴定情况 湖南省农作物品种审定委员会认定通过

鉴定编号 XPD002-2016

特征特性 该品种属中熟籽莲品种。立叶高 140cm 左右，荷

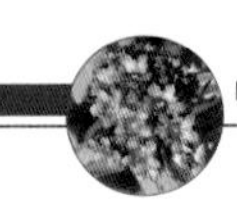

叶开展度 48cm × 53cm，生长势较旺，叶绿色。第 1 立叶着生第 1 朵花，花粉红色。单个莲蓬总粒数 28 粒左右，实际有效籽粒 26 粒左右，籽粒椭球形，籽粒长 16.2mm 左右，宽 12.0mm 左右，青熟籽粒为浅绿色，老熟籽粒表面乌黑光亮，整齐标准，百粒重 148.5g 左右。抽样检测，每 100g 干莲籽中含淀粉 59.66g、蛋白质 23.78g、纤维素 3.42g。抗腐败病能力强，耐热、耐旱。莲籽皮薄，粉质细香，色白，风味好，品质佳。莲籽可鲜食或制成白莲后加工。

栽培技术要点 精选藕种，种植前采用 30% 恶霉灵 AS1000 倍液浸种 20 小时消毒。一般在 4 月上旬栽植，丛状插植种藕，每丛 4~6 枝，行距 6m，丛距 4m，密度每公顷 450~600 丛。莲田整个生长季节内应保持一定水位，藕田基肥每亩施腐熟人畜粪 1 500~2 500kg 或绿肥 3 000~3 500kg，追肥 2~3 次，每亩施腐熟人畜尿 1 000kg 左右，或含量 45% 的复合肥（N 15-P_2O_5 15-K_2O 15）20~25kg、尿素 15kg。加强田间管理，栽植 2~3 周待荷叶浮出水面，开始第 1 次中耕除草，以后每 7~10d 中耕 1 次，直到荷叶满田，及时防治病虫害。7 月中下旬起，莲蓬褐色，莲子与莲蓬孔格完全分离，莲子呈黑褐色时分多批次采摘。

产量表现 2013 年、2014 年多点试验平均亩产分别为 145.3kg 和 160.8kg。

适宜区域 适宜于湖南省种植。

选育单位 湘潭县农业技术推广中心、湖南省蔬菜研究所

2. 葛新品种——安锦 1 号

作物种类　葛 *Pueraria lobata* (Willd.) Ohwi

品种名称　安锦 1 号

品种来源　原始材料来自引进和平粉葛中选优良变异单株，经多年系统选育而成。

鉴定情况　湖南省农作物品种审定委员会六届八次主任委员会会议登记。

鉴定编号　XPD024-2015

特征特性　在怀化市当 3 月中旬最低气温达到 12℃以上时就开始萌动，3 月底至 4 月初展叶后进入快速生长期，6 月下旬块根开始膨大，7—10 月为块根快速膨大期。每年冬季第 2 次霜降后开始落叶，采收期在落叶后至第 2 年春季萌芽之前。生长势较强，叶片长 20cm、宽 21cm，藤蔓粗壮，藤叶繁茂性好。地下块根生长较快，每株 1~2 个块根，平均长度可达 40cm 以上，直径 10~15cm，单个块根重 1.4~2.5kg，块根形态好，1 年生块根呈纺锤形的占比 80% 左右。1 年生块根淀粉含量 35%、粉质细滑，粗纤维含量少，黄酮类化合物含量 300mg/kg。综合抗逆性较强。

栽培技术要点　① 地块选择：在栽培的前 1 年 10—12 月需选好定植地块。一般选择土质肥沃、土层深厚疏松、光照充足、交通便利、排水良好的田地，最好是带沙性的土壤。② 施足基肥，精细整地：在前 1 年的 12 月至当年的 2 月均可进行。在土壤耕地前，撒施葛根专用配方肥 4.5~6.0 t/hm^2，以利翻耕后肥料均匀拌入土中。种植葛根的土地要及早整地，便于垅

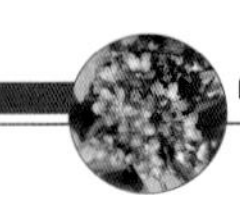

内的土壤与肥料充分熟化，以提高土壤肥力，并清除石块、杂草等杂物。根据地形决定起垅方向，最好是东西走向，以便充分利用光照。起垅可分单行垅和双行垅，单行垅宽约 120cm，两边沟宽 30cm，垅上堆成条状山形，沟底与垅顶的垂直距离大于 50cm；双行垅宽 200cm，沟宽 50cm，垅上堆及垄顶的垂直距离与单行起垅操作相同。③ 定植点的选定：定植点的距离以株距 50cm 为佳，1 垅栽双行的宜呈三角形栽植，注意不能太靠近沟边。大面积种植时，栽植密度 8 250~10 500 株 /hm^2。在定植点上把装满土的塑料袋（20cm × 25cm）开口朝下倒扣在定植点上，塑料袋内的土壤一定要装满，且最好为疏松的沙壤土，太湿、板结的土易造成葛苗腐烂，而且袋内的土壤一定不能另外加肥。④ 盖膜：用黑色地膜将整个垅面盖严实，用手将地膜撕开与袋口相同大小的圆口，地膜一直铺到沟底，沟底的地膜边缘要用土压实，垅中地膜也可适当用土块加压，黑色地膜更有利于土壤保温，同时可抑制杂草生长。⑤ 栽植、抹芽、定蔓及叶面肥的喷施：在 3 月气温回升，枝条开始展叶后定植，最迟在 5 月上旬完成，栽苗时需注意苗与土壤要紧密相贴合。在定植成活以后，需要及时抹除葛藤上萌发的侧芽，只留健壮的主芽生长。如苗长势不旺，可用葛根专用叶面肥喷施。等新藤上竿后，要及时抹除基部 3~5 节叶腋萌发的小嫩芽，宜早不宜迟，以利主藤的生长。大面积栽培的，不抹芽，藤蔓任其自然生长。在枝蔓满架或满垅后视情况每隔 15~20d，用高钾专用叶面肥全园喷施 1 次，全年 6~8 次。⑥ 修根定葛：在 6 月下旬至 7 月上旬，枝蔓满架或满垅后，扒开塑料袋的土壤，选留粗壮、生长位置好的块根 2 个，其余修去，不可多留，以免养分不集中而影响产量，在 7 月底至 8 月初视生长情况追施钾肥 1~2 次。

产量表现 多点试验平均亩产 1 700kg（不插竿栽培）。

适宜区域 适宜于湖南省种植。

选育单位 怀化职业技术学院、麻阳苗族自治县农村综合改革

办公室

3. 葛新品种——葛之星1号

作物种类　葛 *Pueraria lobata* (Willd.) Ohwi

品种名称　葛之星1号

品种来源　原始材料来自“横葛3号”通过系统选育而成。

鉴定情况　湖南省农作物品种审定委员会六届八次主任委员会会议登记。

鉴定编号　XPD025-2015

特征特性　在怀化市当3月中旬最低气温达到12℃以上时就开始萌动，3月底至4月初展叶后进入快速生长期，6月下旬块根开始膨大，7—10月为块根快速膨大期。每年冬季第2次霜降后开始落叶，采收期在落叶后至第2年春季萌芽之前。生长势较强，叶片长20cm、宽21cm，藤蔓粗壮，藤叶繁茂性好。地下块根生长较快，每株1~2个块根，平均长度可达40cm以上，直径10~15cm，单个块根重1.4~2.5kg，块根形态好，1年生块根呈纺锤形的占比80%左右。1年生块根淀粉含量35%、粉质细滑，粗纤维含量少，黄酮类化合物含量300mg/kg。综合抗逆性较强。

栽培技术要点　土壤深翻后按行距1.0~1.1m的规格要求开挖种植沟，沟深50~60cm，沟宽50~60cm，每亩施腐熟有机肥2 000kg，硫酸钾复合肥50kg。3月下旬至4月上旬移栽。成活后用尿素提苗1次。搭架栽培每亩800~1 000株，自然生长每亩500~600株。苗高50cm左右开始在土堆上方立竿，竹

竿粗 5cm（直径）、高 2m，引苗上竿。每蔸从根颈处选苗 1~2 根主蔓，6—7 月疏蔓摘心的同时将根茎部泥土爬开晒蔸，选留 2~3 根健壮的主根，疏剪其余葛根。7—9 月遇久旱不雨天气时，将土沟里灌满水保持 8~10 小时后再把水放干。生长早期可喷雾 1 000~1 500mg/kg 的多效唑；黄粉病发病初期可施用 700~800 倍粉锈宁液进行控制。宜在 11 月底至翌年 2 月采挖。

产量表现 多点试验每亩平均鲜葛产量 2 170.2kg。

适宜区域 适宜于湖南省种植。

选育单位 湖南省强生药业有限公司、湖南省农业生物资源利用研究所

4. 鱼腥草新品种——紫韵

作物种类 鱼腥草 *Houttuynia cordata* Thunb.

品种名称 紫韵

品种来源 原始材料来自野生鱼腥草，通过系统选育而成。

鉴定情况 湖南省农作物品种审定委员会六届八次主任委员会会议登记。

鉴定编号 XPD013–2014

特征特性 该品种生长旺盛，植株高大。多年生草本，植株茎直立，分枝数较多，地上茎粗壮，圆形，直径为（2.9 ± 0.6）mm，节间长；生长早期（萌芽至始花期）色彩鲜艳，地上部为紫红色，生育后期变绿。株型较紧凑，高 30~100cm，全株有浓烈的鱼腥味。地下茎匍匐蔓延，白色，圆形，直径为（2.8 ± 0.6）mm，节间明显，每节着生须根和芽；地下茎萌发力强。单叶互生，光滑，基部心形先端急尖狭长；叶较厚，叶面绿紫色，叶背紫红色；具柄，叶脉紫红，叶背叶脉上有明显茸毛；托叶膜质边缘有长绒毛，基部与叶柄合生，上部分离；穗状花序，基部着生 4 片花瓣

状白色苞片；花小而密，花序（含花柄）长 2.1~3.8cm，淡黄色；雄蕊 3，长于子房，花丝下部与子房合生；花期 5—9 月。蒴果顶裂；种子卵形，有条纹；成熟时为黑色。挥发油含量≥ 0.04%（蒸馏法提取），甲基正壬酮≥ 289.7 μg/g，α－松油醇≥ 4.486 μg/g，乙酸龙脑酯≥ 35.21 μg/g，4－萜烯醇≥ 7.805 μg/g。

栽培技术要点　选择土层深厚、肥沃疏松、湿润、略带沙质的微酸性土壤，用地下茎进行无性繁殖。应选择粗壮、无虫口、无病害、无损伤的种茎，从节间剪成 20cm 左右的小段，每段 3~5 个节，一般每亩用种茎 30~50kg。作畦开沟条播，畦宽 1.8~2.0m、高 15~20cm，畦间开深 20cm 左右的排水沟。播种深度约 10cm，种茎株距为 10~15cm，行距为 30~40cm。基肥一般每亩施腐熟有机肥 2 000~2 500kg，复合肥 80~100kg，齐苗和地上部分生长旺盛时期，追肥 2~3 次，每次每亩追施清粪水或沼液 400kg，尿素 3kg 左右。播种到出苗期间保持土壤含水量 85%~95%，出苗后经常保持土壤含水量 80%。夏季注意抗旱灌溉，保持田间湿润。不宜连作，需 1~2 年与水稻、莲、茭白等水生作物换茬轮作。每年 10 —12 月播种移栽，来年 6—10 月采收地上部分，10 月以后采收地下部分。早春出苗后，注意人工及时去除杂草，及时防治病虫害。一般在 6—10 月采收，此时鱼腥草处于花期，有效化学成分含量高，药用价值好。

产量表现　一般平均亩产 2 400kg。

适宜区域　适宜于湖南省种植。

选育单位　湖南农业大学

5. 黄花蒿新品种——黄花蒿 428-A

作物种类 黄花蒿 *Artemisia annua* L.

品种名称 黄花蒿 428-A

品种来源 湖南农业大学生物科学技术学院选育。

鉴定情况 湖南省农作物品种审定委员会六届五次主任委员会会议登记。

鉴定编号 XPD008-2013

特征特性 该品种株型直立，株高 210cm 左右，第 1 分枝高 22cm、一级分枝数 65 个。叶色绿，叶片为狭裂紧密大叶类型，在茎上排列较为紧密，数量多，气味微香，味苦微辛。全生育期 270d 左右，营养生长期 180d 左右。

栽培技术要点 播种育苗在 2 月中下旬。应选择土质疏松、通透性好、排水方便的微酸性土壤作为育苗床。出苗后要注意防旱保苗，苗期宜追施清淡人畜粪水，每亩 800kg。株高 10cm 以上可移栽。每亩苗地用种量为 100~150g，可获移栽苗 12 万 ~15 万株，可供 60~80 亩地栽种。应选择土质疏松、通透性好、排水方便的微酸性土壤上栽培。每亩用土杂肥或牛马厩肥 2 000~2 500kg，过磷酸钙 50~100kg，拌匀，撒施地面，翻入土内，耕细整平。做 150cm 厢，沟宽 50cm，沟深 20~25cm，即可栽植。每厢栽 2 行，株距 50cm，厢内挖穴，每穴栽 1 株，每亩用苗 1 200~1 300 株。黄花蒿移栽至收获须除草 2~3 次，追肥结合除草进行，并可增施根外追肥 1~2 次。黄花蒿的主要病害是白粉病，用可湿性粉锈灵对水 500~800 倍进行喷雾防治。黄花蒿的主要

虫害是蚜虫和钻心虫，5—6 月是黄花蒿钻心虫高发期，在田间观察到虫卵孵化时，可用除尽、功夫、40%乐果乳油等农药喷杀。8 月中旬花芽分化期收获叶片，此时叶片的产量和青蒿素含量达最大值，为最佳收获期。由于黄花蒿叶片的青蒿素含量以原种当代最高，以后世代迅速递减，因此，每年大田生产用种须由育种单位统一提供原种。

产量表现　黄花蒿折干率约为 10%，每亩可产干叶 180kg 左右。干叶合格品要求：无杂质，无茎秆，含水量少于 12%，呈黄绿色，青蒿素含量达 1.29%。每亩产种子 25kg 左右。

适宜区域　适宜于湖南省种植。

选育单位　湖南农业大学

6. 鱼腥草新品种——红玉

作物种类　鱼腥草 *Houttuynia cordata* Thunb.

品种名称　红玉

品种来源　原始材料来自野生鱼腥草，经过驯化、筛选选育而成。

鉴定情况　湖南省农作物品种审定委员会六届五次主任委员会会议登记。

鉴定编号　XPD012-2013

特征特性　田间表现整齐一致，植株直立，生长旺盛，株高 25~60cm。地下茎伏地，节上轮生根；茎直立，紫红色；叶互生，心形或阔卵形。穗状花序，两性，花期一般在 4—7 月。果期一般在 6—8 月，种子成熟时的颜色为棕黑色。

栽培技术要点　露地栽培 9 月底至 10 月初选晴天播种，每亩播种量 40~50kg；深挖整土，施足基肥，整个生长期圃地要保持土壤湿度大于 75%，浇灌 3~5 次；生长期间要有充足的肥料供应。全年均可采收。

产量表现 一般亩产 2 300kg 左右鲜草。

适宜区域 适合在湖南怀化地区及其生态环境相似的地区进行推广种植。

选育单位 湖南农业大学、湖南正清制药集团股份有限公司

7. 鱼腥草新品种——白玉

作物种类 鱼腥草 *Houttuynia cordata* Thunb

品种名称 白玉

品种来源 原始材料来自野生鱼腥草，经驯化、筛选选育而成。

鉴定情况 湖南省农作物品种审定委员会六届五次主任委员会会议登记。

鉴定编号 XPD013-2013

特征特性 植株直立，生长旺盛，有明显的鱼腥气。地下茎伏地，圆形，长 30~60cm，粗 0.3~0.6cm，黄白色，有节且每节都能萌发成新的植株；茎直立，绿色。单叶互生，叶片心形或宽卵形，长 5~8cm，宽 4~7cm；穗状花序，花期一般在 4—7 月，花两性。果期一般在 6—8 月，蒴果壶形或近圆形；种子成熟时的颜

色为棕黑色。

栽培技术要点 露地栽培9月底至10月初选晴天播种，每亩播种量40~50kg；深挖整土，施足基肥，整个生长期圃地要保持土壤湿度大于75%，浇灌3~5次；生长期间充足的肥料供应。6—10月为鱼腥草的最佳采收时间。

产量表现 一般亩产2 600kg左右鲜草。

适宜区域 适合在湖南怀化地区及其生态环境相似的地区进行推广种植。

选育单位 湖南正清制药集团股份有限公司、湖南农业大学

8. 食用菌新品种——湘北虫草1号

作物种类 虫草花

品种名称 湘北虫草1号

品种来源 原始材料来自原生质体，经紫外诱变选育而成。

鉴定情况 湖南省农作物品种审定委员会六届五次主任委员会会议登记。

鉴定编号 XPD009-2013

特征特性 菌丝粗壮，洁白色，菌丝分支能力强，转色快。在栽培过程中，在适宜的碳源、氮源、酸碱度pH值6~7、含水量60%~65%、温度18~23℃时生长健壮，菌丝浓密，吃料快，10d左右能长满菌丝。现蕾早，且现菌蕾均匀。经40d左右长大后，呈金黄色或橘黄色，子实体长且粗壮，生物转化率40%左右。虫草素含量1.93%、虫草多糖1.55%、虫草酸9.89%

栽培技术要点 采用高压蒸汽灭菌，液体菌种接种5~10d菌丝可布满全瓶，接种后及时将料瓶转入培养室，控制温度，湿度，光照，促进菌丝生长。适宜温度为15~25℃，湿度前期为60%~70%，后期为85%~90%，菌丝生长阶段必须在弱光条件下培养。当菌丝长满全瓶培养料表面出现小隆起时，增加光照促进转色，光照不足可用日光灯补光，温度控制在21~25℃，相对湿度85%左右，5~10d后菌丝由白变黄，转色完成。出草管理转色完成后，在培养料表面形成米粒基后，温度控制在20~25℃，不得超过28℃，否则出草困难；空气相对湿度在80%~90%，以减少瓶内水分蒸发，同时增加空气流通量，促进子座生长，经25~35d后，子座形成并成熟。

产量表现 平均每瓶产虫草子实体干重为3.05g，比供试菌株“对比2号”多0.35g，比供试菌株“对比3号”多0.37g，比供试菌株“对比4号”多0.75g。

适宜区域 适宜于湖南省种植。

选育单位 湖南农业大学、湖南省致远农业科技发展有限公司、长沙九峰生物科技有限公司

9. 食用菌新品种——湘赤芝1号

作物种类 灵芝 *Ganderma lucidum* Karst

品种名称 湘赤芝1号

品种来源 原始材料来自野生灵芝，经驯化选育而成。

鉴定情况 湖南省农作物品种审定委员会六届五次主任委员会

会议登记

鉴定编号 XPD010-2013

特征特性 菌丝体粗壮，色泽洁白，分支能力强，有锁状联合，爬壁现象明显，菌盖赤黄色或赤褐色，扇形，边缘光滑；菌柄短，木质化程度高。产量稳定，生物转化率达到40%以上，孢子产量多，多糖含量2.78%，三萜含量1.98%

栽培技术要点 袋料高效栽培按照木屑70%、麦麸28%、石膏1%、石灰1%比例加入辅料，含水量达到60%左右。将配好的培养料装进聚丙烯塑料袋中（18cm宽 ×36cm长 ×0.04mm厚），封口，进行高压灭菌，在无菌条件下进行接种，每袋接种50~100g菌种，接种后将菌袋转移到培养室内，保存室内24~30℃，黑暗培养40d左右，菌丝长满整个菌袋。后打开袋口，空气湿度到80%~95%，保存温度在24~30℃内，早晚开窗通气1次，菇蕾形成后需要及时打蕾，使每个菌袋只留1个蕾。40~60d后菇蕾逐渐长大，慢慢展开呈扇形，当灵芝菌盖与菌柄交接处开始由黄白色转为赤褐色时，灵芝开始弹射担孢子（如需要收集灵芝孢子粉，将灵芝菌袋转移到用报纸糊封的框架内，10~30d内能收获到大量孢子），当菌盖边缘变赤褐色时，灵芝已衰老干枯，便可采收。

产量表现 生物学转化率达到44.17%，比供试菌株“对比1号”生物转化率高5.31%。比供试菌株“对比2号”生物转化率高13.85%。比供试菌株“对比3号”生物转化率高7.66%。在孢子粉弹射量方面，“湘赤芝1号”平均每100g灵芝弹射2.533g孢子粉，比供试菌株“对比1号”高0.62g，比供试菌株“对比2号”高0.522g，比供试菌株“对比3号”高0.161g。

适宜区域 适宜于湖南省种植。

选育单位 湖南农业大学、湖南省致远农业科技发展有限公司、长沙九峰生物科技有限公司

10. 葛新品种——湘葛 2 号

作物种类 葛 *Pueraria lobata* (Willd.) Ohwi

品种名称 湘葛 2 号

品种来源 原始材料来自葛 XG99-1、XG-4

鉴定情况 湖南省农作物品种审定委员会六届四次主任委员会会议登记。

鉴定编号 XPD009-2012

特征特性 早熟，生育期 205~255d。三出羽状复叶，主叶长 10~15cm。主叶片长宽各 8~12cm，两复叶长宽各 6~8cm。叶薄、色浅绿，叶面较平整。蔓长 300~500cm，从根颈部开始着生侧蔓，侧蔓长度可超过主蔓。根系树根状，主块根粗短呈圆筒形，根颈处分叉根 2~3 根，表皮薄，黄白色。抗寒、抗旱、抗病、耐肥能力较强。

栽培技术要点 土壤深翻后按行距 1.5m 起垄，垄高 50cm，垄底宽 60cm。起垄后在厢面中央开沟施基肥，每亩施腐熟有机肥 1 500kg，硫酸钾复合肥 50kg，然后壅土。2 月中下旬将选育好的葛蔓休眠苗插在准备好的苗床上，苗床宽度为厢面 1.2m，长度依势而定。扦插密度以 3cm × 10cm 为宜。葛苗长出 2~3 片叶后在 3 月 20 日前后移栽。搭架栽培每亩 800~1 200 株为宜，自然生长每亩 400~500 株。苗高 50cm 左右开始在土堆上方立竿，竹竿粗 5cm（直径）、高 2.5m（土堆以上），引苗上竿。每蔸从根茎处选苗 1~2 根主蔓，6—7 月蔓叶满架时主蔓摘心。6—7 月疏蔓摘心的同时将根茎部泥土爬开晒蔸，选留 1~2 根健壮的主根，疏剪其余葛根。

栽前用农家肥饼肥等有机肥作基肥，栽后用尿素提苗 1 次。6—8 月埋施硫酸钾复合肥。7—9 月遇久旱不雨天气时，将土沟里灌满水保持 8~10 小时后再把水放干。15d 左右灌水一次。对红粉病的防治可采用冬季清园；生长初期用 1 000~1 500mg/kg 多效唑喷雾；发病初期施 700~800 倍粉锈宁液等农业和化学方法控制病情的发生和发展。立冬至翌年春分前采挖产量最高，淀粉含量最高。

产量表现　在湖南种植当年平均亩产 2 693kg，最高单株 8.5kg。出粉率 14%~16%，纤维 3%~3.5%，氨基酸 2.5%~3.0%，每百克含维生素 B_1 0.06mg、维生素 B_2 0.05mg、维生素 C_2 0mg，每千克含钙 0.15mg、铁 27.8mg、锌 6.8mg、硒 75.18mg。

适宜区域　适宜于湖南省种植。

选育单位　湖南天盛生物科技有限公司

11. 丹参新品种——航丹 1 号

作物种类　丹参 *Salvia miltiorrhiza* Bunge.

品种名称　航丹 1 号

品种来源　安徽亳州药材市场种苗站。

鉴定情况　湖南省农作物品种审定委员会六届四次主任委员会会议登记。

鉴定编号　XPD010-2012

特征特性　株高 20~40cm。全株有柔毛。叶单数羽状复叶，叶片深绿色，叶长 4~6cm，宽 2.2~4.5cm，先端渐尖，基部心形，叶缘锯齿较浅，叶片较厚，表面皱缩。茎分枝多 1~5 个，节间距短 1~3cm。根圆柱形，表面砖红色或红色，长 15~30cm，直径 0.5~1.5cm；根数多达 15~40 条。轮伞花序，苞片披针形，花冠紫色，花萼紫色，花序长 4~12cm，花朵数 15~32 个。小坚果黑色，椭圆形。花期 4—11 月。

栽培技术要点 选取土层30cm以上，土层肥沃、疏松、地势略高、排水良好的土地种植；繁殖方式有：芦头繁殖和分根繁殖。种植密度按行距30~45cm和株距25~30cm穴栽，每穴1~2段，栽后随即覆土，田间管理注意基肥足，及时追肥，适当氮、磷、钾结合施用，注意病虫害防治。

产量表现 平均亩产鲜丹参约1 700kg，折合干药材约560kg。水溶性浸出物含量62.56%，醇溶性浸出物17.08%，有效成分丹参酮ⅡA、丹酚酸B的含量分别为0.56%、6.81%。

适宜区域 适宜于湖南省种植。

选育单位 湖南中医药大学

12. 茯苓新品种——湘靖28

作物种类 茯苓 *Poria cocos* (Schw.) Wolf

品种名称 湘靖28

品种来源 湖南省靖州县湘桂黔食药用菌研究所，自选。

鉴定情况 湖南省第六届农作物品种审定委员会二次主任委员会议登记。

鉴定编号 XPD007-2010

特征特性 茯苓属于多孔菌科，真菌茯苓的菌核。“湘靖28”菌丝体粗壮，白色，锁状联合体明显，菌丝在种植过程中传引快，结苓早，苓体比较均匀结实，肉质白色或浅黄色，苓皮厚1.6~2.2mm，呈紫红色。结苓率96%左右，生物学效率42%~70%，茯苓多糖含量19.33%，各种氨基酸含量15 116mg/100g（15.12%）。抗杂菌感染能力强，适应性广，结苓率高，生物学效率高，产量较高，质量较好。

栽培技术要点 ①段木、亮蔸栽培：4月上中旬（气温达到15℃以上）下种，下种处必须要先开新口，再将菌种紧贴新口处，盖好引木和鲜松针叶，周围施好预防白蚂蚁药，加盖塑料薄膜，盖好土，修整好排水沟。下种量每50kg干段木为1kg菌种为宜。亮蔸栽培下种量按树蔸直径20cm下种0.5kg菌种。② 袋料高效栽培：选择新鲜无腐烂霉变的松树根、蔸、尾尖、枝条、加工后的边角料、松木屑为菌材，将菌材装入袋中，袋内上下部装入部分配料，扎紧口袋，进行高温灭菌。在无菌条件下接种，每袋料接种100~150g。接种后放入培养室内培养，保持室内温度26~28℃恒温培养。待菌丝长满全袋后下地覆土栽培。栽培时将长满菌丝的菌袋一头把薄膜划开一条口子，插进一根全新鲜、长30cm的小松树枝（或松树根）作引木，再盖土10~12cm。每亩栽培3 000~3 300袋。菌袋下地时，在周围选择不同方位挖4~6个长宽各1m、深0.6~0.8m的土坑，坑内堆放一些茶油枯和培养料及菌种，喷施敌百虫或敌敌畏或佳天下，对白蚁进行诱杀。栽培100~120d茯苓陆续生长成熟，应及时采收。因结苓有迟早，应成熟一批，采收一批。

产量表现　2005年至2006年多点试验结苓率为96%，比“5・78”高12%。“湘靖28”共收获鲜茯苓121.5kg，“5・78”共收获鲜茯苓76kg。每亩栽培茯苓3 200袋，“湘靖28”平均亩产鲜茯苓7 712kg，比对照“5・78”增产2 848kg。

适宜区域　适宜于湖南省种植。

选育单位　湖南省靖州县湘桂黔食药用菌研究所

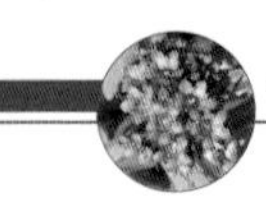

13. 鱼腥草新品种——湘白鱼腥草

作物种类 鱼腥草 *Houttuynia cordata* Thunb

品种名称 湘白鱼腥草

品种来源 原始材料来自人工栽培怀化市鹤城区杨村乡野生鱼腥草品种，通过单株选留并以其地下茎为繁殖材料进行无性繁殖，系统选育而成。

鉴定情况 湖南省农作物品种审定委员会第五届四次主任委员会议登记。

鉴定编号 XPD017-2009

特征特性 多年生草本。植株茎直立，高30~50cm，全株有浓鱼腥味。地下茎匍匐生长，白色、圆形，直径0.27cm左右，节间明显，每节着生须根和芽。地上茎绿白色，圆形，直径0.29cm左右。单叶互生，叶面光滑，绿白色，基部心形，深绿色，具柄，掌状叶脉6条，托叶膜质，基部与叶柄合生，上部分离。穗状花序，基部着生4片花瓣状白色苞片，花小而密，淡黄色，雄蕊3个，长于子房，花丝下部与子房合生。蒴果顶裂，种子卵形，有条纹。该品种综合农艺性状好，株高较矮，适应性较强，稳产性较好。地下茎粗壮、白嫩、质脆、适口性好。植株生长健壮，叶片大小均匀。地上部分挥发性油、黄酮含量较高。地上部分产量比红杆类鱼腥草稍低。是一个既适合作为特色蔬菜栽培，又适合药用的鱼腥草新品种。

栽培技术要点 ① 用地下茎进行无性繁殖，每亩用种茎20~50kg。选择粗壮、无虫口、无病害、无损伤的种茎，从节间剪成7cm左右的小段，每段2~3个节。② 选择土层深厚、肥沃疏松、湿润、略带沙质的微酸性土壤，作畦开沟条播。栽种前先将土壤翻耕整平，畦宽1.8~2.0m、高15~20cm，畦间开深20cm

左右的排水沟。③ 每亩施腐熟有机肥 2 000~2 500kg，复合肥 80~100kg。将种茎按株行距（2~4）cm×25cm 左右栽植，覆土 2~3cm，浇清水，保持土壤湿润。④在齐苗和地上部分生长旺盛时期，每亩要追施清粪水或沼液 400kg 及尿素 3kg 左右 2~3 次。播种到出苗期间保持土壤含水量于 85%~95%，出苗后经常保持土壤含水量于 80%。⑤不宜连作，需 1~2 年与水稻、莲等水生作物换茬轮作。每年 10—12 月播种，翌年 7—8 月采收地上部分，10 月以后采收地下部分。

产量表现　湘白鱼腥草在常规栽培情况下，地下部分平均产量每亩 100kg 左右，地上部分平均产量每亩 200kg 左右。

适宜区域　适宜于湖南省种植。

选育单位　怀化学院

14. 黄姜新品种——安黄姜 1 号

作物种类　黄姜 *Dioscoprea panthaica*

品种名称　安黄姜 1 号

品种来源　原始材料来自野生黄姜中遴选获得的一个优良单株经 10 多年的系统选育而成。

鉴定情况　湖南省农作物品种审定委员会审定。

鉴定编号　XPD018－2004

特征特性　该品种茎基粗 0.2~0.3cm 蔓长 3~6m，茎基部深紫

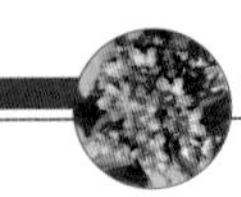

褐色，生长期间一般1年只发1次苗，茎数少，放叶节4~6节，地上部长势中等，分枝较少；叶片为阔三角形盾叶，成熟叶片厚实，叶色深绿，中央部分稍隆起呈窝状，叶脉处具不规则白色条状斑块；雌株多于雄株，蒴果大，结实率低，种子千粒重16g左右；根状茎外表黑褐色，断面黄色，特粗壮，分枝较少。主根状茎茎粗3cm左右，节长15~25cm，须根稀疏。地上部性状本品种特征特性明显，农艺性状整齐一致，地上部为一次性发苗，茎粗壮，放叶节位高，长势较旺。地下部性状产量高，一般2年生每亩鲜姜产量为3 000kg以上，高产丘块可达到3 500~4 000kg。根状茎特粗壮，薯蓣皂试元含量较高、品质好。据多年分析，2年生干片薯蓣皂试元含量稳定在3.335%~3.56%，熔点190~192℃。抗性好，高抗黄姜叶斑病和白粉虱，对黄姜茎基枯病亦有较强抗性。适应性较强适合在各类土层深厚、肥沃的旱地和地下水位低于1m、排水良好的砂性稻田种植。

栽培技术要点 ① 选地：该品种适宜种植于土层特别深厚（30cm以上）、土质疏松、通风透气、地下水位1 m以上、排水良好、有机质和腐殖质含量高、矿质养分丰富的向阳缓坡地或稻田，土质最好为砂壤土，其次为壤土。② 备土、起垄：土壤要深挖30cm以上，平地和稻田都要开好主沟和围沟，再顺水的流向分成70~80cm宽的窄厢，沟宽30cm，垄高20cm以上。③ 精选种姜：最好建立1年生种姜生产基地，只能用其当年生部位作为种姜，要求根芽和株芽都健壮、饱满、无病、无虫、无损伤，要严格剔除弱势姜、光头姜，种姜单坨重以50~100g为宜。④ 随挖随播，合理密植：安黄姜1号的播种适期为11月下旬至翌年3月下旬。播种时要求随挖随播，尽量减少种姜水分损失。播时每垄开条沟播2行，株行距40cm×35cm，每亩种植密度4 000株左右，用种量300~400kg，播种时种姜根芽向下，株芽向上，播后覆土7~10cm。⑤ 搞好田间管理：在施足底肥的基础上，一是及时搭架。竹竿粗2.0~2.5cm，长2.5~3.0m，每垄花篱笆式插一排竹竿，或每蔸1根竹竿，每4根用纤维带扎在一起

形成“众星捧月”。二是适时追肥。该品种需肥量大，茎叶生长期可在雨前或雨中追肥。进入根状茎膨大期后，施钾肥，并叶面喷施 3 次三禾绿丰。三是及时除草。出苗前可使用农达或草甘膦加金都尔或禾耐斯防除并控制杂草，生长期间禾本科杂草可在 3~5 叶期用高效盖草能防除。四是防病治虫。该品种抗病性较强，但要注意防治白绢病和斜纹夜蛾。五是茎梗粗壮，苗架更旺盛，需肥量更大。田间管理应注意重施培土肥和及时除草。追肥培土应掌握在黄姜出苗前，每亩用黄姜有机专用肥 200kg 加活性硅镁钙肥 100kg 均匀撒施于垄间再培土 2~3cm，生长后期叶面喷施 0. 2% 的磷酸二氧钾加 1% 的尿素 2~3 次，防止脱肥早衰。

产量表现　2001 年安化县农业局在黄姜无性系良种繁殖基地进行一年生对比试验，安黄姜 1 号亩产鲜姜 1 407.4kg，比本地主栽品种雪峰山野生黄姜增产 553.6kg，增产 64.8%；亩净产量 1 013.8kg，比本地主栽品种增产 363.5kg，增产 57.2%。2001—2002 年进行 2 年生生产对比试验，亩产鲜姜 3 263kg，比本地主栽品种增加 1 206.2kg，增产 58.6%，2001—2003 年，进行 100 亩丰产示范，平均亩产鲜姜 2 912.6kg，比本地主栽品种增产 984.5kg，增长 51.1%。

适宜地区　适宜于湖南省种植。

选育单位　湖南省安化县农业局

15. 黄姜新品种——安黄姜 2 号

作物种类　黄姜 *Dioscoprea panthaica*

品种名称　安黄姜 2 号

品种来源 湖南省安化县农业局

鉴定情况 国家正式审定发布的黄姜品种，2003 年 1 月 3 日审定。

鉴定编号 XPD019-2004

16. 黄姜新品种——安黄姜 3 号

作物种类 黄姜 *Dioscoprea panthaica*

品种名称 安黄姜 3 号

品种来源 湖南省安化县农业局

鉴定编号 XPD020-2004

特征特性 该品种茎基粗 0.1cm 左右，蔓长 2~3m，生长期间可多次发苗，地上部长势中等；叶片为典型盾叶，成熟叶片较薄，叶脉处无不规则条状斑块，叶色翠绿；雌雄异株，雄株多于雌株，无性株比例大，结实性差，茹果小；种子圆形，较少，千粒重 5g；根状茎黄褐色、纤细，断面桔红色或淡黄色，分枝能力特强，2 年生主根状茎直径 1.5~2cm，节长 10~15cm。该品种商品生产需栽培 2 年，抗黄姜叶斑病、茎基枯病、白粉虱，抗寒性强、耐湿性强，较耐连作，适宜栽培于各种土壤，尤其适合在地下水位低的稻田种植。

栽培技术要点 该品种适宜种植于土层深厚、地下水位 1m 以下、排水良好、有机质和腐殖质含量高、矿质养分丰富的向阳缓坡旱地或稻田，土质最好为沙壤土，其次为壤土、土壤要深挖 20cm 以上，做成 70~80cm 宽的窄厢，沟宽 30cm，垄高 15cm 以上。只能用当年生块茎作种姜，要求根芽和株芽都健壮、饱满、无病虫、无损伤，种姜单个质量以 20~35g 为宜。最好建立 2 年生种姜生产基地、播种适期为 11 月下旬至翌年 1 月下旬。播种时要求随挖随播，尽量减少种姜水分损失、播时每垄开沟播 2 行，行株距

40cm×15cm，每亩种植8 000株左右，用种量160~200kg。播后覆土5~7cm、每亩施腐熟鸡粪1 000~2 000kg、黄姜专用肥150kg、活性硅镁钙肥50kg作基肥。第1年茎叶生长期可在雨前或雨中追施1~2次尿素，每次10kg/亩；进入根状茎膨大期后，每亩施钾肥20kg，并叶面喷施3次三禾绿丰。第2年在黄姜出苗前，每亩施黄姜有机专用肥200kg加活性硅镁钙肥100kg；生长后期叶面喷施0.2%的磷酸二氢钾加1%的尿素液2~3次，防止脱肥早衰。除草要求除早、除小，多次除，反复除，采用化学除草与人工除草相结合进行。

产量表现 该品种鲜姜含水量73.91%，鲜姜薯蓣皂甙元含量为0.7%，皂甙元颜色为白色，熔点189.5~191℃。2年生鲜姜产量可达3 000kg/亩。用种量小，投入本低。

适宜地区 湖南省适宜播种。

选育单位 湖南省安化县农业局

十四、甘肃省中药材新品种选育情况

地区：甘肃

审批部门：甘肃省农牧厅

中药材品种审批依据归类：甘肃省非主要农作物品种认定登记办法

甘肃省中药材新品种选育现状

药材名	品种名	选育方法	选育年份	选育编号	选育单位
当归	岷归5号	系选	2013	甘认药2013003	甘肃省定西市旱作农业推广中心
黄芪	陇芪3号	辐射	2012	登记号2012Y0123	甘肃省定西市旱作农业推广中心
党参	渭党3号	辐射	2012	登记号2012Y0123	甘肃省定西市旱作农业推广中心、中国科学院近代物理所
甘草	甘育甘草1号	系选	2016	甘认药2016001	甘肃农大学、甘肃巨农供销（集团）股份有限公司
甘草	甘育甘草2号	系选	2016	甘认药2016002	甘肃农业大学、甘肃巨农供（集团）股份有限公司
甘草	甘育甘草3号	系选	2016	甘认药2016003	甘肃农业大学、甘肃巨农 供销（集团）股份有限公司
秦艽	陇秦1号	系选	2016	甘认药2016004	甘肃省农科院中药材研究所

（续表）

药材名	品种名	选育方法	选育年份	选育编号	选育单位
枸杞	银杞1号	系选	2016	甘认药 2016008	白银市农业技术服务中心
柴胡	陇柴1号	集团	2014	甘认药 2014002	陇西稷丰种业有限责任公司

1. 当归新品种——岷归 5 号

作物种类　当归 *Angelica sinensis*（Oliv.）Diels

品种名称　岷归 5 号

品种来源　系统选育而成

鉴定情况　通过甘肃省非主要农作物品种认定。

鉴定编号　甘认药 2013003

特征特性　根为肉质性圆锥状直根系。幼苗期主根长 13.4cm，侧根数 2.4 条 / 株，单株鲜根重 0.87g；成药期根长 35.2cm，芦头径粗 3.7cm。主茎、侧茎均为淡紫色，结籽期主茎高 81cm 左右，具 4~7 节，叶柄长 3~7cm。成药期叶片开展度 17~31cm，长 2~3.5cm，有 2 或 3 个浅裂。结籽期叶柄长 8.8cm 左右，小叶片宽 3cm、长 4.3cm。花白色，未开放的花苞呈淡紫色，花期在 6—8 月间。果为双悬果，长 4~6mm，宽 3~5mm。种子淡白色，长卵形，长 1~1.5mm，宽 0.2~0.3mm。种果平均千粒重 1.9g，种子发芽率 87.4%。总灰分 4.6%，酸不溶性灰分 0.6%，浸出物 60.4%，阿魏酸 0.125%，质量符合《中华人民共和国药典》标准。田间病株率 27.86%，病情指数 9.29，供试品种田间抗病性表现相对较好。

栽培技术要点　播前将熏肥和磷酸二铵 300kg/hm^2 以及硫

酸钾 100.5kg/hm^2 均匀施入土壤，密度 3 500~4 000 粒 /m^2，覆土厚度 0.2~0.3cm，然后畦面覆盖作物秸秆 1~3cm 厚；成药期施有机肥 75 000kg/hm^2，配施化肥纯氮肥 240~272kg/hm^2，磷肥 105~120kg/hm^2，钾肥 45~60kg/hm^2。采用当归黑色地膜覆盖栽培技术，垄宽 60cm，垄高 15cm，沟宽 40cm，每垄栽 3 行，穴距 25cm，每穴栽 2 株，早薹过后选留 1 株。待早薹盛期过后进行定苗，保苗 120 000 株 /hm^2。

产量表现 在 2007—2011 年的多点试验中，鲜归平均产量 10 516.5kg/ hm^2，较对照增产 17.4%。

适宜区域 适宜在甘肃省定西海拔 2 000~2 450m 的中壤或沙壤土生态区种植。

选育单位 甘肃省定西市旱作农业推广中心

2. 黄芪新品种——陇芪 3 号

作物种类 黄芪 *Astragalus membranaceus* (Fisch.) Bge.var. *mongholicus* (Bge.)Hsiao

品种名称 陇芪 3 号

品种来源 原始材料来自用陇芪 1 号通过（通过前要加逗号）辐照处理诱变选育而成。

鉴定情况 通过甘肃省非主要农作物品种认定。

鉴定编号 甘认药 2013001

特征特性 根圆柱状，外表皮淡褐色，内部黄白色，根长 58.9cm。1 年生植株茎高 25~30cm，2 年生植株茎高 45.8cm。主茎半紫色，冠幅 49.4cm，茎上白色伏毛较密。叶长 3~10cm，小叶 27 枚，小叶宽 6mm，长 6.6mm；花枝着生小花 3~12 枚，花蝶形，淡黄色，花期 6—7 月；荚果长 1.5~3.2cm，内含种子 3~8 粒。种子色泽棕褐色，成熟期 7—8 月，千粒重 7.47g，发芽率

85.8%。总灰分 2.6%，浸出物 31.7%，黄芪甲苷 0.089%，毛蕊异黄酮葡萄糖苷 0.08%，质量符合《中华人民共和国药典》标准。田间病株率为 25.0%，病情指数为 8.75%，田间抗病性表现较好。

栽培技术要点　播前将选好的种子放入沸水中搅拌 90s，后用冷水冷却至 40℃后再浸种 2h，再将水沥出，加盖麻袋等物闷种 12h，待种子膨胀后，抢墒播种；成药田要求移栽苗行距 25cm，株距 20cm，种苗平摆，栽植植深度 10cm；亩保苗 1.2 万 ~1.3 万株为宜，每亩施有机肥 5 000kg，配施化肥纯氮肥 10~15kg，磷肥 15~18kg，钾肥 5~6kg。黄芪花序为无限型，应分期采收种子。

产量表现　在 2009—2011 年多点试验中，平均亩产 655.2kg，较对照陇芪 1 号增产 17.1%。

适宜区域　适宜在甘肃省定西海拔 1 900~2 400m，年平均气温 5~8℃，降水量 450~550mm 的生态区种植。

选育单位　定西市旱作农业科研推广中心、中国科学院近代物理研究所

3. 党参新品种——渭党 3 号

作物种类　党参 *Codonopsis pilosula* (Franch.) Nannf.

品种名称　渭党 3 号

品种来源　原始材料来自渭党 1 号通过（通过前加逗号）辐照处理诱变选育而成。

鉴定情况　通过甘肃省非主要农作物品种认定。

鉴定编号　登记号 2012Y0123

特征特性　根肉质纺锤状，色泽淡白色，上端 3~5cm 部分有细密环纹，下部疏生横长皮孔。初生茎绿色，生长后期转为淡绿色，茎上生短刺毛，地下茎基部具多数瘤状茎痕。叶片色泽深绿，叶柄长 1.0~3.3cm，叶片长 1.5~6cm，宽 1~4.5cm。花期 7 月

下旬至9月下旬，花冠宽钟状，淡黄绿色，内有淡紫色条纹，长1.3~2.3cm，直径0.8~2.0cm。果期9月下旬至10月中旬，种子卵形，棕黄色，种子千粒重0.27g。在田间根病病株率为4.8%，病情指数为2.1%，对照品种渭党2号的病株率和病情指数分别为8.0%和6.7%，田间抗病性表现好。浸出物含量67.7%，较规定提高9.8%，质量符合《中华人民共和国药典》规定标准。

栽培技术要点　育苗地要求海拔2 000~2 300m，于3月下旬至4月上旬育苗，亩播种量4kg左右为宜，育苗地要进行覆盖遮阴，一般于翌年3月中下旬起苗。成药期亩施腐熟优质有机肥5 000kg以上，配施纯氮12.1~15.2kg，五氧化二磷5.5~9.7kg，氧化钾3.1~3.6kg，农用钼酸铵150g，硫酸锌1 000g，栽植期一般在3月下旬至4月上旬进行为宜。10月中下旬采挖，采挖后晾晒至5~6成干时进行串把，8~9成干时整理参条和扎把，直止干燥。

产量表现　2006年在岷县十里镇等5点示范，平均亩产鲜党参402.4kg，较对照增产21.3%；2007年在新寨镇等5点试验中，折合平均亩产437.2kg，较对照增产23.9%；2008年在渭源县清源镇等5点试验中，折合平均亩产420.8kg，较对照增产22.1%。

适宜区域　适宜在定西市岷县、渭源、漳县、陇西、安定区及陇南市、临夏州、甘南州等地，海拔1 900~2 300m、年降水量450~550mm的半干旱区和二阴区推广应用。

选育单位　甘肃省定西市旱作农业推广中心、中国科学院近代物理所

4. 甘草新品种——甘育甘草1号

作物种类　甘草 *Glycyrrhiza uralensis* Fisch.

品种名称　甘育甘草1号

品种来源　原始材料来自不同基因型甘草移栽至种质资源圃，

进一步扩繁和品种观察选育而成。。

鉴定情况 通过甘肃省非主要农作物品种认定。

鉴定编号 甘认药 2016001

特征特性 该品种根皮红棕色，根肉黄色，外皮松紧不等。株高 21~80cm，茎密被鳞片状腺点或白色柔毛。叶片长 6.5cm，宽 3.3cm。托叶三角状披针形。叶柄密被褐色腺点和白色短柔毛。小叶 5~17 片，卵形，上面暗绿色，下面绿色，两面密被黄褐色腺点及短柔毛，顶端钝，具短尖，基部圆，全缘，呈微波状。总状花序腋生，花序短于叶。花萼钟形，花冠蝶形，紫红色或蓝紫色。果穗大体呈球状，少部分呈短棒状，平均长度约为 7.5cm，宽约为 4.6cm，颜色大多数为土黄色或棕黄色，每个果穗上大约有果荚 20.7 个，果荚绝大多数深度卷曲并互相盘绕交错，各个果荚交替排列且排列紧密。果荚弯曲不规整，呈扁平状，表面无光泽，密被绒毛且绒毛硬而细小。果荚颜色为土黄色或深黄色，长度约为 2.7cm，宽约为 0.6cm。果荚内种子数约为 4.8 个。种子的种皮颜色从浅绿、浅黄、浅黑色到暗绿、墨绿、深黑色不等，种子直径约为 3.1mm，千粒重为 8.9g。种子呈纺锤状，表面不规整，种脐向内凹陷，呈黑色斑点状。3 年生的甘育甘草 1 号亩鲜产量 1.5t 左右。经测定甘草苷含量 1.41%，甘草酸含量 3.00%。

栽培技术要点 选择土层深厚、疏松、排水良好、地下水位在 2m 以下灌溉便利的沙质壤土地种植。种子春季直播，播种时采用拖拉机牵引 10 个嘴的播种机播种，播种行距为 10cm，播种深度 2~3cm，播种量 4.5~5.0kg/ 亩，保苗在 3 万株左右。播种后覆土，覆土（细沙）厚度 1~2cm，再用耱轻轻刮平。播种后视土壤墒情和土壤类型灌水补墒。一般施用磷酸二铵、过磷酸钙和尿素。按常规方法防治萤叶甲、红蜘蛛等地上害虫。甘草产区 3 年生收获，10 月中下旬地上茎叶枯黄时采挖，挖根除去茎叶泥土，剁成“条草”，扎成小把至通风处晾干。

产量表现 “甘育甘草 1 号”的商品率和单根重分别比对照高出 30% 和 15%，亩增产 20%。

适宜区域 适宜在甘肃省武威、酒泉及同类生态区域种植。

选育单位 甘肃农业大学、甘肃巨龙供销（集团）股份有限公司

5. 甘草新品种——甘育甘草 2 号

作物种类 甘草（光果甘草）*Glycyrrhiza uralensis* Fisch.

品种名称 甘育甘草 2 号

品种来源 原始材料来自不同基因型甘草移栽至种质资源圃，进一步扩繁和品种观察选育而成。

鉴定情况 通过甘肃省非主要农作物品种认定。

鉴定编号 甘认药 2016002

特征特性 根皮土黄色，根肉黄色，须根多。株高 26~90cm，茎密被白色柔毛。托叶三角状披针形。叶柄密被白色短柔毛。小叶 3~17 片，多数为 11~15 片，长卵形，灰绿色，两面密被短柔毛，顶端钝或凹进，基部圆，全缘。总状花序，花萼钟状，花冠蝶形，一般为紫色或淡紫色。果穗颜色为红棕色或黄棕色，果荚排列紧密，每个果穗上有果荚 25.8 个。果荚呈线状，表面光滑且较为规整，每个果荚内有种子 5.2 个。种子颜色浅绿色或暗绿色，种子直径约 2.6mm，千粒重 6.2g。3 年生甘育甘草 2 号亩鲜产量 1.8t 左右。经测定甘草苷含量 1.22%，甘草酸含量 3.04%。

栽培技术要点 同甘育甘草 1 号

产量表现 “甘育甘草 2 号”的商品率和单根重分别比

对照高出 40% 和 30%，亩增产 25%。

适宜区域　适宜在甘肃省武威、酒泉及同类生态区域种植。

选育单位　甘肃农业大学、甘肃巨龙供销（集团）股份有限公司

6. 甘草新品种——甘育甘草 3 号

作物种类　甘草（胀果甘草）*Glycyrrhiza uralensis* Fisch.

品种名称　甘育甘草 3 号

品种来源　原始材料来自：不同基因型甘草移栽至种质资源圃，进一步扩繁和品种观察选育而成。

鉴定情况　通过甘肃省非主要农作物品种认定。

鉴定编号　甘认药 2016003

特征特性　根皮土黄色，根肉黄色。株高 31~110cm，茎密被白色柔毛。托叶三角状披针形。叶柄密被白色短柔毛。小叶 3~5 片，椭圆形，草绿色，有光泽，正面光滑，背面鳞片状或有腺点，呈明显波浪状，顶端钝尖，基部圆，全缘。花序小花排列疏散。果穗颜色深黄色或黄棕色，果荚排列紧密且分布均匀，每个果穗中有 12.6 个果荚。荚果成熟后膨胀为椭圆形，表面粗糙且坚实，部分有凹陷，颜色为黄色或黄棕色，短小。果荚内种子数约为 5.1 个。种子颜色黄绿色或黄棕色，种子直径约 2.9mm，千粒重 8.5g，形状呈椭圆形。3 年生甘育甘草 3 号亩鲜产量 2.1t 左右。经测定甘草苷含量 1.1%，甘草酸含量 3.40%。

产量表现　“甘育甘草 3 号”的商品率和单根重分别比对照高

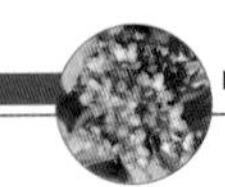

出 45% 和 30%，亩增产 40%。

适宜区域 适宜在甘肃省武威、酒泉及同类生态区域种植。

选育单位 甘肃农业大学、甘肃巨龙供销（集团）股份有限公司

7. 秦艽新品种——陇秦 1 号

作物种类 秦艽 *Gentiana macrophylla*

品种名称 陇秦 1 号

品种来源 原始材料来自野生秦艽作为原始亲本，通过单株选择、自交采种、冬季温室育苗、形成品系、鉴定筛选而成，原代号 GQ05-2。

鉴定情况 通过甘肃省非主要农作物品种认定。

鉴定编号 甘认药 2016004

特征特性 苗期叶片长卵圆形，对生，随生长逐渐变长成披针形。生长期株高 30~40cm，无明显主茎。有根生叶和茎生叶两种。根生叶较大，长达 30cm，宽 3~4cm，叶片平滑无毛，主叶脉 5 条，叶色绿；茎生叶较小，3~4 对，对生。茎圆形有节，光滑无毛，不分支，浅绿色。花在茎顶或叶腋间轮状丛生，呈头状聚伞花序，花冠筒状钟形，底色黄白色，花冠淡蓝色。蒴果长圆形或椭圆形，含多数种子，种子细小，多数椭圆形，深棕色，有光泽，

无翅。有明显主根且粗壮，须根多条，扭结成一个近圆柱形的根，稍肉质，黄色或黄褐色。抗锈病。

栽培技术要点　第1年育苗，第2年5月初或者8月底移栽定植，亩栽植1.8万~2.2万株；移栽第1年的生长期间可亩追施尿素10kg或磷酸二铵20kg。在行间开浅沟将肥料均匀撒入，然后覆土整平。来年春季返青后及时松土除草。以后2~3年生长期间每年追肥1次，做好杂草防除工作。整个生长期注意锈病防治。

产量表现　2012—2013年多点试验，平均亩产592.5kg，较当地栽培种增产11.3%；2013年生产试验，平均亩产498.5kg，较对照（当地栽培种）增产12.9%（3年生根鲜重）。

适宜区域　适宜在甘肃省海拔1 500~3 000m的中部半干旱气候区、高寒阴湿区、二阴区以及甘南草原等地种植。

选育单位　甘肃省农业科学院中药材研究所

8. 枸杞新品种——银杞1号

作物种类　枸杞 *Lycium chinense* Mill.

品种名称　银杞1号

品种来源　原始材料来自宁杞1号的变异单株，经过系统选育而成。

鉴定情况　通过甘肃省农作物品种审定委员会认定。

鉴定编号　甘认药2016008

特征特性　该品种树势中庸，树形紧凑。花长 1.8cm，花瓣绽开直径 1.6cm，花冠喉部至花冠裂片基部淡黄色，花丝近基部有圈稀疏绒毛，花萼 2~3 裂。叶披针形，墨绿色，横切面向上突起，叶长 6.3cm，叶宽 2.3cm，长宽比 2.7，顶端钝尖。当年生枝青绿色，嫩枝梢部淡紫红色，节间距 2.1cm，每节着果 1.8 个，棘刺较少，结果枝开始着果节位在 4~7 节。成熟鲜果长梭形，橙红色，平均单果质量 1.1g，最大单果质量 1.6g，鲜干比 4.6：1。干果含总糖 52.5%、枸杞多糖 3.59%、甜菜碱 1.33%、黄酮 0.23%。喜光照，耐寒、耐旱，不耐阴、湿。自交亲和力差，较抗炭疽病。

栽培技术要点　① 选地建园：选择土壤肥沃、灌溉便利，运输方便，远离环境污染源，盐碱含量低于 0.5% 的壤土地块建园。② 种苗选择：种苗选用株高 60cm 以上、茎基粗 ≥ 5 mm、根系发达的一年生硬枝或嫩枝扦插苗。③ 适期定植，合理密植：3 月下旬至 4 月上旬土壤解冻至枸杞萌芽前为适宜定植期，按行株距 2m × 0.75m，保苗 444 株 / 亩。④施肥：每生产 100kg/ 亩枸杞干果需施入 N 19kg/ 亩、P_2O_5 14.25kg/ 亩、K_2O 4.75kg/ 亩。⑤ 灌水：灌溉周期以 30d 为宜，每次灌水 100~130 m^3/ 亩。⑥ 整形修剪：培养单主干、两层一顶树形。⑦ 病虫害防治：针对枸杞炭疽病，喷施 45% 戊唑醇乳油 2 000~3 000 倍液，或用 32% 咪鲜胺乳油 1 500 倍液防治；针对根腐病重点要做好预防工作，避免穴施粪肥、深耕和挖根蘖苗等农事活动对枸杞根系的损伤。针对枸杞瘿螨和木虱，喷施 1.8% 阿维菌素乳油 2 000 倍液防治；针对红瘿蚊和蚜虫，喷施 10% 吡虫啉乳油 2 000 倍液，或用 3% 啶虫脒乳油 1 500 倍液防治。⑧ 采收：当枸杞果实色泽鲜红、表面光亮、富有弹性时采摘。

产量表现　“银杞 1 号”定植第 2 年和第 3 年的产量为 89.74kg/ 亩和 193.08kg/ 亩，分别比对照宁杞 1 号低 5.62% 和 1.66%；产值为 3 933.98 元 / 亩和 10 112.86 元 / 亩，分别比对照宁杞 1 号高 13.57% 和 8.06%。

适宜区域　适宜在白银地区及相同生态类型区域种植。

选育单位　白银市农业技术服务中心

9. 柴胡新品种——陇柴 1 号

作物种类　柴胡 *Bupleurum chinense* DC.

品种名称　陇柴 1 号

品种来源　原始材料来自野生柴胡，采用株系法选育而成。

鉴定情况　通过甘肃省非主要农作物品种认定

鉴定编号　登记号 2012Y0554

特征特性　陇柴 1 号主根粗大、坚硬，外皮浅棕色，有少数侧根。主根长约 18.80cm，直径 9.27mm，根重 2.13g，均明显大于其他柴胡品种。平均根长较品种中柴 1 号和红柴胡分别高 9.30% 和 97.89%，根直径较中柴 1 号粗 38.36%。主茎“之”字形弯曲明显，平均株高 83.00cm，较中柴 1（72.30cm）和红柴胡（45.00cm）分别高 14.80% 和 84.44%；茎上部具 3~4 级分枝，平均由 13.60 个茎节组成，直径 4.72 mm，较中柴 1 号粗 41.32%。果实为长椭圆形，长 2.50~3.70cm，千粒重 0.9g，较红柴胡（0.93g）略低，与中柴 1 号相同。JX06-1-6 抗病性较强，田间病株率为 5% 左右，较抗大白菜根肿病。

栽培技术要点　一般可在冬、春季节播种，尤以冬播为好。播前精选种子后用温水浸泡，放入适量洗衣粉，轻轻擦洗后，将洗衣粉用清水冲净、晾干。用适量细黄土与草木灰将种子拌匀，然后用开沟条播或撒播两种方式播种，开沟条播可先将肥料施入沟内，再撒播种子，播后盖土 1.6cm 左右。撒播是把拌好的种子均匀撒在平整的田块表面，播后可人工浅盖。有条件的地方可以用水灌溉、填实土壤，对田块进行适当镇压，春后即可出苗。春播方法同于冬播，但需盖草保湿。

产量表现　在 2011 年的生产试验中，JX06-1-6 具有良好的丰产特性，折合产量 1 467.0kg/hm^2，较对照品种红柴胡（1 056.0kg/hm^2）增产 30.4%。其中，在陇西县首阳镇中草药示范园区种植 0.67hm^2，折合产量 1 355.0kg/hm^2，较对照品种红柴胡（1 020.0kg/hm^2）增产 32.8%；在陇西县通安驿马头川试验点种植 0.53hm^2，折合产量 1 489.0kg/hm^2，较对照品种红柴胡（1 150.0kg/hm^2）增产 29.4%。

适宜区域　适宜在甘肃中部干旱、半干旱区的定西市、通渭县、岷县、武都市及河西走廊的武威市等地种植。

选育单位　陇西稷丰种业有限责任公司

十五、安徽省中药材新品种选育情况

地区：安徽

审批部门：安徽省非主要农作物品种鉴定登记委员会

安徽省中药材新品种选育现状

药材名	品种名	选育方法	选育年份	选育编号	选育单位
太子参	宣参1号		2005	皖品鉴登字第0506001	
何首乌	淮乌 1 号		2006	皖品鉴登字第0606001	
丹皮	亳丹皮1号		2011	皖品鉴登字第1106001	安徽德昌药业饮片有限公司
白芍	亳芍药1号		2011	皖品鉴登字第1106002	安徽德昌药业饮片有限公司
石斛（铁皮）	皖斛 1 号		2011	皖品鉴登字第1106003	安徽新津铁皮石斛开发有限公司、安徽农业大学生命科学学院
石斛（铁皮）	皖斛 2 号		2011	皖品鉴登字第1106004	安徽新津铁皮石斛开发有限公司安徽农业大学生命科学学院
桔梗	中梗9号	杂交育种	2011	皖品鉴登字第1106005	中国医学科学院药用植物研究所、安徽省农业科学院园艺研究所
灵芝	八公灵芝2号		2011	皖品鉴登字第1112008	安徽德昌药业饮片有限公司
知母	德昌 1 号		2012	皖品鉴登字第1206001	安徽德昌药业饮片有限公司

（续表）

药材名	品种名	选育方法	选育年份	选育编号	选育单位
灵芝	霍芝 1 号		2012	皖品鉴登字第1212001	安徽衡济堂灵芝产业开发有限公司
薄荷	恒进高油	单株 选择	2013	皖品鉴登字第1306001	安徽恒进农业发展有限公司
薄荷	恒进薄荷	单株 选择	2013	皖品鉴登字第1306002	安徽恒进农业发展有限公司
菊花	滁菊1号	单株 选择	2013	皖品鉴登字第1306003	金玉滁菊生态科技有限公司
覆盆子	旌覆1号		2013	皖品鉴登字第1306004	安徽旌德博仕达农业科技有限公司
百合	漫百1号		2013	皖品鉴登字第1306005	霍山县农业技术推广中心
玄参	德参 1 号		2013	皖品鉴登字第1306006	安徽德昌药业有限公司
柴胡	北柴1号		2013	皖品鉴登字第1306007	亳州凤鸣药业集团公司
柴胡	香柴1号		2013	皖品鉴登字第1306008	亳州凤鸣药业集团公司
瓜蒌	皖蒌 7 号	杂交育种	2013	皖品鉴登字第1306009	安徽省农业科学院园艺研究所
瓜蒌	皖蒌 8 号	杂交育种	2013	皖品鉴登字第1306010	安徽省农业科学院园艺研究所
瓜蒌	传文 8 号	系统选育	2013	皖品鉴登字第1306011	潜山县传闻瓜子有限公司
瓜蒌	霍蒌2号	系统选育	2013	皖品鉴登字第1306012	安徽霍山启思生态农业有限公司
丹参	丹参 1 号	系统选育	2013	皖品鉴登字第1306013	安徽省农业科学院园艺研究所、安徽国泰医药有限公司

（续表）

药材名	品种名	选育方法	选育年份	选育编号	选育单位
石斛（米斛）	霍山石斛1号		2013	皖品鉴登字第1306014	霍山县长冲中药材种植有限责任公司、安徽中医药大学
石斛（米斛）	霍山石斛2号		2013	皖品鉴登字第1306015	霍山县长冲中药材种植有限责任公司、安徽中医药大学
天麻	金红天麻（皖麻1号）		2014	皖品鉴登字第1406001	安徽农业大学生命科学院
天麻	金绿天麻（皖麻2号）		2014	皖品鉴登字第1406002	安徽农业大学生命科学院
石斛（米斛）	霍山石斛3号		2014	皖品鉴登字第1406003	霍山县亿康中药材科技发展有限公司、皖西学院
石斛（米斛）	霍山石斛4号		2014	皖品鉴登字第1406004	霍山县亿康中药材科技发展有限公司、皖西学院
瓜蒌	皖蒌9号	杂交育种	2014	皖品鉴登字第1406005	安徽省农业科学院园艺研究所
前胡	宁前胡1号		2014	皖品鉴登字第1406006	安徽农业大学生命科学院、宁国千方中药发展有限公司
石斛（米斛）	金米斛1号		2014	皖品鉴登字第1406007	安徽农业大学生命科学院、金寨县大别山林艺植物科技开发有限公司
石斛（米斛）	金米斛2号		2014	皖品鉴登字第1406008	安徽农业大学生命科学院、金寨县大别山林艺植物科技开发有限公司

（续表）

药材名	品种名	选育方法	选育年份	选育编号	选育单位
皱皮木瓜	巨龙木瓜		2014	皖品鉴登字第1406009	黄山市多维生物（集团）有限公司
秋葵	WQK-1号		2014	皖品鉴登字第1406010	福建农林大学作物科学学院
秋葵	QK-4 号		2014	皖品鉴登字第1406011	福建农林大学作物科学学院
菊花	金贡菊1 号		2014	皖品鉴登字第1406012	黄山市芽典生态农业有限公司和歙县科技试验站
秋葵	中葵1号（A2009-03）		2015	皖品鉴登字第1506001	中国农业科学院麻类研究所
石斛（米斛）	九仙尊1 号		2015	皖品鉴登字第1506002	九仙尊霍山石斛股份有限公司、安徽农业大学生命科学院
石斛（米斛）	九仙尊2 号		2015	皖品鉴登字第1506003	九仙尊霍山石斛股份有限公司、安徽农业大 学生命科学院
瓜蒌	皖蒌10	系统选育	2015	皖品鉴登字第1506004	岳西县惠农瓜蒌专业合作社联合社
瓜蒌	皖蒌11	系统选育	2015	皖品鉴登字第1506005	岳西县惠农瓜蒌专业合作社联合社
石菖蒲	金蒲 1 号		2015	皖品鉴登字第1506006	安徽农业大学生命科学院
白芨	金芨 1 号		2015	皖品鉴登字第1506007	安徽农业大学生命科学院
桔梗	金梗 1 号		2015	皖品鉴登字第1506008	安徽省亳州市皖北药业有限责任公司、安徽中医药大学

（续表）

药材名	品种名	选育方法	选育年份	选育编号	选育单位
黄精	九阳黄精		2015	皖品鉴登字第1506009	安徽省应用技术研究院
秋葵	中葵 2 号		2015	皖品鉴登字第1506010	中国农业科学院麻类研究所
秋葵	中葵 3 号		2015	皖品鉴登字第1506011	中国农业科学院麻类研究所
石斛（铁皮）	皖斛 3 号		2016	皖品鉴登字第1606001	安徽皖斛堂生物科技有限公司、安徽农业大学生命科学院
石斛（铁皮）	皖斛 4 号		2016	皖品鉴登字第1606	安徽皖斛堂生物科技有限公司、安徽农业大学生命科学院
百合	皖西百合1号		2016	皖品鉴登字第1606003	安徽农业大学、安徽霍山鹏飞现代农业科技有限公司
瓜蒌	皖蒌12		2016	皖品鉴登字第1606004	潜山县传文瓜子有限公司潜山县棉花瓜蒌技术指导站
瓜蒌	皖蒌15		2016	皖品鉴登字第1606005	潜山县有余瓜蒌开发有限责任公司
太子参	皖参 1 号		2016	皖品鉴登字第1606006	皖西学院
太子参	皖参2号		2016	皖品鉴登字第1606007	皖西学院
瓜蒌	皖蒌16	杂交育 种	2016	皖品鉴登字第1606008	安徽省农业科学院园艺研究所
瓜蒌	皖蒌17	杂交育 种	2016	皖品鉴登字第1606009	安徽省农业科学院园艺研究所
丹皮	凤丹1号（凤丹白）	系统选 育	2016	凤丹1号（凤丹 白）	安徽省农业科学院园艺研究所、安徽医科大学

（续表）

药材名	品种名	选育方法	选育年份	选育编号	选育单位
丹皮	凤丹2号（凤丹粉）	系统选 育	2016	皖品鉴登字第1606011	安徽省农业科学院园艺研究所、安徽医科大学
灵芝	云乐赤芝1 号		2016	皖品鉴登字第1612001	安徽黄山云乐灵芝有限公司、安徽农业大学生命科学院
灵芝	云乐赤芝2 号		2016	皖品鉴登字第1612002	安徽黄山云乐灵芝有限公司、安徽农业大学生命科学院
灵芝	云乐赤芝3 号		2016	皖品鉴登字第1612003	安徽黄山云乐灵芝有限公司、安徽农业大 学生命科学院
蛹虫草	皖蛹虫草1号		2016	皖品鉴登字第1612004	安徽农业大学生命科学院
太子参	皖蛹虫草2号		2016	皖品鉴登字第1612005	安徽农业大学生命科学院

1. 桔梗新品种——中梗 9 号

作物种类 桔梗 *Platycodon grandiflorus*

品种名称 中梗 9 号

鉴定编号 皖品鉴登字第 1106005

品种来源 原始材料母本来自山东博山的优良自交系 GS204-3-5-1，父本来自安徽太和县桔梗产区 GP1BC1-12-11.

特征特性 生长期 182d，较本地种推迟 25d；植型直立半松散，茎紫绿色，叶卵形、绿色，叶缘重锯齿状，花深紫色，呈钟状，花药败育，果棱明显；侧根少，直根率 66% 左右。高抗叶枯病、根腐病；中抗根结线虫病；经测定桔梗皂苷 D 单体总含量 0.154mg/g，多糖含量 23.50% 左右。适于饮片和提取加工。

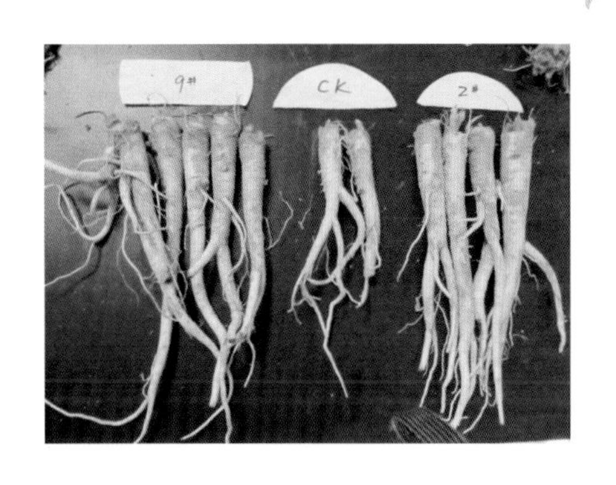

产量表现　一年生亩产鲜根 1 140.57kg；2 年生亩产鲜根 2 427.9kg。

栽培技术要点　选择阳光充足、土层深厚、排水良好的砂质壤土地种植，以基肥为主；4 月上中旬播种，采用条播或直播。播深 2~3cm，沟距 25cm，覆土 0.5cm。每亩用种量 2.0kg；苗长至 5~6cm 时，按株距 3cm 定苗；注意肥水管理及病虫害防治。

适宜区域　适宜在安徽全省栽培和推广。

选育单位　中国医学科学院药用植物研究所、安徽省农业科学院园艺研究所

2. 薄荷新品种——恒进高油

作物种类　薄荷 *Mentha haplocalyx* Briq.

品种名称　恒进高油

鉴定编号　皖品鉴登字第 1306001

品种来源　原始材料来自太和县薄荷种植区的“上海 39”薄荷品种中的变异单株。

特征特性　该品种属于紫茎类型，苗期茎紫色，中后期中下部茎紫色，上部茎绿色；幼苗期叶为椭圆形，中后期叶为长椭圆形；叶缘锯齿深而稀，有紫色镶边；叶色浓绿，叶片厚、肥大，叶面皱缩，叶脉凹陷；茎和叶面均有绒毛。匍匐茎发达，青紫色。地下茎粗壮，黄白色。花为淡紫色，结实率低；抗倒性、抗逆性强，“头刀”薄荷鲜草出油率 0.5% 左右，“二刀”薄荷鲜草出油率 0.7~0.8%。原油品质好，香气纯正，含脑量 81%~87%，旋光度 −35° ~ −38° 。

产量表现　“头刀”薄荷鲜草量达 2 400~2 600kg，“二刀”薄荷鲜草量达 600~800kg。“头刀”薄荷原油亩产量 12~13kg，“二刀”薄荷原油亩产量 4~6kg。

栽培技术要点　该品种适宜性强，从头年 10 月至翌年 3 月均可种植，以头年 10 月下旬至 11 月下旬种植最佳。播种密度每亩 1~1.5 万株，行距 25~33cm，株距 15~20cm。播种时每亩撒施 2~3m^3有机肥，磷酸二胺 15~20kg 或薄荷专用复合肥 50kg；分枝初期每亩追施尿素 7.5~10kg；后期每亩追施尿素 10~15kg。“头刀”薄荷收割后每亩及时追施尿素 20kg 左右；后期每亩追施尿素 5kg 左右。

适宜区域　适宜安徽、江苏等地种植。

选育单位　安徽恒进农业发展有限公司

3. 栝楼新品种——皖蒌 7 号

作物种类　栝楼 *Trichosanthes kirilowii* Maxim.

品种名称　皖蒌 7 号

鉴定编号　皖品鉴登字第 1306009

品种来源　原始材料来自母本“皖蒌 6 号”、父本“1 号雄株”，均来自安徽潜山栝楼繁育基地。

特征特性　生长期 205 天，叶形为阔卵状心形，有 5 浅裂。果形为椭圆形，青果期果皮深绿色，成熟期果皮颜色为橙黄色，果面有 10 条浅纵沟，果柄长 6.78cm，果瓤为橙黄色，种子形状为椭圆形，种皮为棕色。一年生单果重和二年生单果重分别为 405g 和 529g，千粒重 295.8g，出籽率 10.84%。

产量表现　一年生块根重和二年生块根重分别为 5.0kg 和 15.0kg，成熟鲜果产量 1 760kg，干籽产量 192.2kg。

栽培技术要点　定植时间在 3 月初至 4 月中旬，冬前土壤深耕耙平，按行距 3.5m，沟宽 1.5m，做成宽 2m 的高畦；定植时，选择 1~2 年生、无病虫害、无机械损伤、直径 3~5cm，长度 6~10cm、断面白色无明显纤维的块根。每亩地定植 180~200 株，搭配雄株 8~10 株；施肥采用沟施或穴施，基肥为主，提苗肥以氮肥为主；花果期追施 2~3 次花果肥，以腐熟的有机肥、复合肥和速效磷钾肥为主。待植株长至 0.3~0.5m 时，及时引蔓上架。注意加强田间管理，观察病虫害的发生状况，以防为主，优先采用农业防治、物理防治、生物防治，配合使用化学防治等手段，进行综合防治；10 月底至 11 上旬开始果实采收。

适宜区域　适合在安徽及周边地区棚架式栽培。

选育单位　安徽省农业科学院园艺研究所

4. 栝楼新品种——皖蒌 8 号

作物种类　栝楼 *Trichosanthes kirilowii* Maxim.

品种名称　皖蒌 8 号

鉴定编号　皖品鉴登字第 1306010

品种来源　原始材料来自母本“皖蒌 6 号”、父本“2 号雄株”，均来自安徽潜山栝楼繁育基地。

特征特性　生长期 210d，叶形为阔卵状心形，有 5 中裂。果形为椭圆形，青果期果皮墨绿色，成熟期果皮颜色为橙黄色，果面有 9 条浅纵沟，果柄长 6.31cm，果瓤为橙黄色，种子形状为高圆形，种皮为棕色。一年生单果重和二年生单果重分别为 388.4g 和 427.1g，千粒重 282.8g，出籽率 11.47%。

产量表现　一年生块根重和二年生块根重分别为 4.0kg 和 8.0kg，成熟鲜果产量 1 784.13kg，干籽产量 205.7kg。

栽培技术要点　定植时间在 3 月初至 4 月中旬，冬前土壤深耕耙平，按行距 3.5m，沟宽 1.5m，做成宽 2m 的高畦；定植时，选择 1—2 年生、无病虫害、无机械损伤、直径 3~5cm，长度

6~10cm 左右、断面白色无明显纤维的块根。每亩地定植 180~200 株，搭配雄株 8~10 株；施肥采用沟施或穴施，基肥为主，提苗肥以氮肥为主；花果期追施 2~3 次花果肥，以腐熟的有机肥、复合肥和速效磷钾肥为主。待植株长至 0.3~0.5m 时，及时引蔓上架；注意加强田间管理，观察病虫害的发生状况，以防为主，优先采用农业防治、物理防治、生物防治，配合使用化学防治等手段，进行综合防治；10 月底至 11 上旬开始果实采收。

适宜区域 适合在安徽及周边地区棚架式栽培。

选育单位 安徽省农业科学院园艺研究所

5. 丹参新品种——丹参 1 号

作物种类 丹参 *Salvia miltiorrhiza* Bunge

品种名称 丹参 1 号

鉴定编号 皖品鉴登字第 1306013

品种来源 原始材料来自丹参野生种质资源中的优异单株。

特征特性 多年生草本，平均株高 50.78cm，冠幅 43.50cm，全株密被柔毛。奇数羽状复叶，7~9 片叶，叶片椭圆形，边缘有不规则的钝状锯齿，上下两面被灰白色绒毛，花序顶生或腋生，轮伞型总状花序，花萼钟状，萼筒喉部密被白色长毛，外被腺毛。花冠紫色，二唇形，上唇直立，略呈镰刀状，下唇较短，雄蕊 2 个，花药干瘪瘦小，内无花粉粒或很少，子房上位，无种子。根粗壮，圆锥形，砖红色，断面黄白色，直径 1.0cm 以上的根条 14~15 根，须根较少。生育期 245d，花果期 73d；产品的丹参酮Ⅱ A 含量 0.43%，丹酚酸 B 含量 5.4%，均符合 2010 版中国药典要求。

产量表现 在合肥、寿县、亳州区域试验鲜根折合亩产分别为 1 695.85kg、1 678.34kg、1 789.23kg，较对照增产 25.9%、29.0% 和 27.2%

栽培技术要点　选择土层深厚、疏松肥沃、地势较高、排水良好的砂质壤土地块种植；选择根系发达，无病虫害的脱毒种苗或根段苗；于早春4月上旬定植按行距40cm×20cm挖穴；结合追肥及时松土除草；注意根腐病、地老虎的及时防治；12月上中旬采挖。

适宜区域　适宜在安徽全省栽培和推广。

选育单位　安徽省农业科学院园艺研究所、安徽国泰医药有限公司

6. 栝楼新品种——皖蒌9号

作物种类　栝楼 *Trichosanthes kirilowii* Maxim.

品种名称　皖蒌9号

鉴定编号　皖品鉴登字第1406005

品种来源　原始材料来自母本“皖蒌4号”、父本“1号雄株”，均来自安徽省潜山栝楼繁育基地。

特征特性　生长期205d，多年生草质藤本，叶纸质，掌状，4浅裂至中裂；以一级分枝和主茎坐果为主，二级分枝座果较少，瓜蔓可连续坐果20~33个；果实圆形，生长后期果皮呈绿色，有浅绿色斑点状花纹均匀分布，成熟后果皮呈橙黄色；果实平均纵横茎长为8.17×8.19cm，一年生和二年生单果重分别为271.0g和298.0g；种子椭圆形，种皮棕色，平均千粒重275.7g，出籽率10.81%；高抗根结线虫病、病毒病。

产量表现　一年生块根重和二年生块根重分别为8.0kg和16.0kg

左右；折合亩产二年生成熟鲜果产量 1 794.8kg，干籽产量 193.81kg。

栽培技术要点 定植时间在 3 月初至 4 月中旬，冬前土壤深耕耙平，按行距 3.5m，沟宽 1.5m，做成宽 2m 的高畦；定植时，选择 1~2 年生、无病虫害、无机械损伤、直径 3~5cm，长度 6~10cm 左右、断面白色无明显纤维的块根。每亩地定植 180~200 株，搭配雄株 8~10 株；施肥采用沟施或穴施，基肥为主，提苗肥以氮肥为主；花果期追施 2~3 次花果肥，以腐熟的有机肥、复合肥和速效磷钾肥为主。待植株长至 0.3~0.5m 时，及时引蔓上架。注意加强田间管理，观察病虫害的发生状况，以防为主，优先采用农业防治、物理防治、生物防治，配合使用化学防治等手段，进行综合防治；10 月底至 11 上旬开始果实采收。

适宜区域 适合在安徽及周边地区棚架式栽培。

选育单位 安徽省农业科学院园艺研究所

7. 栝楼新品种——皖蒌 16 号

作物种类 栝楼 *Trichosanthes kirilowii* Maxim.

品种名称 皖蒌 16 号

鉴定编号 皖品鉴登字第 1606008

品种来源 原始材料来自母本“皖蒌 6 号”、父本“1 号雄株”，均来自安徽省长丰县龙门寺栝楼繁育基地。

特征特性　植株叶片形状为阔卵状心形，有4浅裂。果形为扁圆形，青果期果皮绿色，成熟期果皮颜色为橙黄色，果柄平均长11.11cm，果瓤为橙黄色，种子形状为椭圆形，饱满，种子颜色为深棕色。一年生皖蒌16号，平均单鲜果重为399.2g，第二年单鲜果重469.2g，干籽千粒重为379.0g，出籽率10.60%。该品种抗流胶与炭疽病。

产量表现　第一年单棵块根重量为5.5kg，第二年为14.9kg，二年生成熟鲜果亩产1 832.66kg，干籽产量为186.20kg。

定植时间在3月初至4月中旬，冬前土壤深耕耙平，按行距3.5m，沟宽1.5m，做成宽2m的高畦；定植时，选择1—2年生、无病虫害、无机械损伤、直径3~5cm，长度6~10cm、断面白色无明显纤维的块根。每亩地定植180~200株，搭配雄株8~10株；施肥采用沟施或穴施，基肥为主，提苗肥以氮肥为主；花果期追施2~3次花果肥，以腐熟的有机肥、复合肥和速效磷钾肥为主。待植株长至0.3~0.5m时，及时引蔓上架。注意加强田间管理，观察病虫害的发生状况，以防为主，优先采用农业防治、物理防治、生物防治，配合使用化学防治等手段，进行综合防治；10月底至11上旬开始果实采收。

适宜区域　适合在安徽及周边地区棚架式栽培。

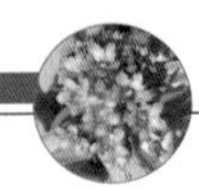

选育单位 安徽省农业科学院园艺研究所

8. 栝楼新品种——皖蒌 17 号

作物种类 栝楼 *Trichosanthes kirilowii* Maxim.

品种名称 皖蒌 17 号

鉴定编号 皖品鉴登字第 1606009

品种来源 原始材料来自母本“皖蒌 6 号”、父本“2 号雄株”，均来自安徽省长丰县龙门寺栝楼繁育基地。

特征特性 植株叶片形状为阔卵状心形，掌状 4~5 深裂。果形为近圆形，青果期果皮浅绿色，成熟期果皮颜色为橙黄色，存在一柄多果现象，果瓤为橙黄色，种子形状为长椭圆形，种子颜色为深棕色，有光泽；一年生平均单鲜果重为 0.39kg，第二年单鲜重 0.40kg，干籽千粒重为 333.0g，出籽率 12.88%；该品种高抗流胶病和炭疽病。

产量表现 第一年单棵块根重量为 8.7kg，第二年为 16.5kg。二年生成熟鲜果亩产 1 776.88kg，干籽亩产为 229.06kg。

定植时间在 3 月初至 4 月中旬，冬前土壤深耕耙平，按行距 3.5m，沟宽 1.5m，做成宽 2m 的高畦；定植时，选择 1~2 年生、

无病虫害、无机械损伤、直径3~5cm，长度6~10cm、断面白色无明显纤维的块根。每亩地定植180~200株，搭配雄株8~10株；施肥采用沟施或穴施，基肥为主，提苗肥以氮肥为主；花果期追施2~3次花果肥，以腐熟的有机肥、复合肥和速效磷钾肥为主。待植株长至0.3~0.5m时，及时引蔓上架。注意加强田间管理，观察病虫害的发生状况，以防为主，优先采用农业防治、物理防治、生物防治，配合使用化学防治等手段，进行综合防治；10月底至11上旬开始果实采收。

适宜区域　适合在安徽及周边地区棚架式栽培。

选育单位　安徽省农业科学院园艺研究所

9. 丹皮新品种——凤丹1号（凤丹白）

作物种类　丹皮 *Paeonia suffruticosa* Andr.

品种名称　凤丹1号（凤丹白）

鉴定编号　皖品鉴登字第1606010

品种来源　原始材料来自安徽省铜陵丹皮种质资源主栽群体。

特征特性　多年生落叶小灌木，株高86.4cm左右。根粗壮，圆柱形，皮肥厚，具香气，外皮灰褐色至紫红色；茎直立，圆柱形，枝短而粗壮；叶深绿色，互生，通常为2回羽状复叶，小叶一般11~13枚，狭卵状披针形，全缘，不裂，顶端小叶偶有1~3浅裂；花单生于枝端，萼片5，覆瓦状排列，绿色；花瓣数少，纯白色，心皮5~8枚，密被白色绒毛。蓇葖果5~8个，聚生，纺锤形，密被

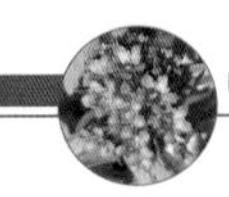

黄褐色硬毛。花期较早，一级根条数10条左右，折干率65.29%，芍药苷含量2.07%，丹皮酚含量1.75%

产量表现 丹皮折合亩产250.2kg。

栽培技术要点 选择生长两年，根长≥14cm，根粗≥0.6cm，枝芽完好，根系完整，无病虫害的种苗作为生产种苗；畦宽2.0m左右，长7~14m，沟宽40cm，基肥以腐熟的农家肥和饼肥为主；摘蕾修剪；科学追肥，适时灌溉排水，每年开春化冻、开花以后和入冬前各施肥一次，施饼肥150~200kg；注意根腐病、灰霉病、锈病、叶斑病等病的及时防治；3~5年后9月开始。

适宜区域 安徽省内推广。

选育单位 安徽省农业科学院园艺研究所、安徽医科大学

10. 丹皮新品种——凤丹2号（凤丹粉）

作物种类 丹皮 *Paeonia suffruticosa* Andr.

品种名称 凤丹2号（凤丹粉）

鉴定编号 皖品鉴登字第1606011

品种来源 原始材料来自安徽省铜陵丹皮种质资源主栽群体。

特征特性：多年生落叶小灌木，株高86.8cm左右。根粗壮，圆柱形，皮肥厚，具香气，外皮灰褐色至紫红色；茎直立，圆柱形，枝短而粗壮；叶深绿色，互生，通常为2回羽状复叶，小叶一般11~13枚，狭卵状披针形，全缘，通常不裂，顶端小叶1~3浅至中裂；花单生于枝端，萼片5，覆瓦状排列，绿色；花瓣多数，白

色，花瓣内面具粉红色晕，心皮 5~8 枚，密被白色绒毛。蓇葖果 5~8 个，聚生，纺锤形，密被黄褐色硬毛。花期较晚，一级根条数 10 条左右，折干率 66.75%，芍药苷含量 1.66%，丹皮酚含量 1.77%

产量表现　丹皮折合亩产 316.98kg。

栽培技术要点　选择生长两年，根长≥ 14cm，根粗≥ 0.6cm，枝芽完好，根系完整，无病虫害的种苗作为生产种苗；选择适宜丹皮生长的田块，做畦宽 2.0m 左右，长 7~14m，沟宽 40cm；适度摘蕾修剪；移栽后第 2 年开始每年施肥 3 次，可结合浇水进行；注意根腐病、灰霉病、锈病、叶斑病等病的及时防治；移栽 3~5 年后，9—10 月采收。

适宜区域　安徽省内推广。

选育单位　安徽省农业科学院园艺研究所、安徽医科大学

十六、宁夏回族自治区中药材新品种选育情况

地区：宁夏回族自治区

审批部门：宁夏回族自治区林业厅

中药材品种审批依据归类：宁夏自治区林木品种审定鉴定办法

宁夏回族自治区中药材新品种选育现状

药材名	品种名	选育方法	选育年份	选育编号	选育单位
枸杞	宁杞1号	群体优选	1987		宁夏农林科学院枸杞研究所
枸杞	宁杞2号	群体优选	1987		宁夏农林科学院枸杞研究所
枸杞	宁杞3号	群体优选	2010	宁S–SC–LB–001–2010	国家枸杞工程技术研究中心
枸杞	宁杞4号	群体优选	2005	宁S–SC–LB–001–2005	中宁县枸杞产业管理局
枸杞	宁杞5号	群体优选	2009	宁S–SC–LB–001–2009	宁夏枸杞工程技术研究中心、育新枸杞种业有限公司、宁夏枸杞协会
枸杞	宁杞6号	群体优选	2010	宁S–SC–LB–008–2010	宁夏森淼种业生物工程有限公司、宁夏林业研究院股份有限公司

（续表）

药材名	品种名	选育方法	选育年份	选育编号	选育单位
枸杞	宁杞7号	群体优选	2010	宁S-SC-LB-009-2010	宁夏枸杞工程技术研究中心
枸杞	宁杞8号	杂交选育	2015	宁S-SC-LB-001-2015	宁夏森淼种业生物工程有限公司、宁夏林业研究院股份有限公司
枸杞	枸杞叶用1号	杂交选育	2015	宁S-SC-LB-002-2015	宁夏林业研究所
枸杞	宁农杞9号	群体优选	2014	宁S-SC-LB-001-2014	宁夏枸杞工程技术研究中心

1. 枸杞新品种——宁杞 1 号

作物种类　枸杞 *Lycium chinense* Mill.

鉴定编号　无

品种名称　宁杞 1 号

品种来源　原始材料来自当地传统品种麻叶系列，通过自然单株选优培育而成。

特征特性　宁夏银川 3 月下旬萌芽，4 月中下旬发春梢，4 月下旬现蕾、6 月上旬果熟初期，6 月下旬至 10 月上旬进入果期。成龄期株高 1.40~1.60m，根茎粗 4.40~12.50cm，株冠直径 1.50~1.70m。单叶互生或 2~3 枚并生，叶色深绿色，质地较厚，披针形，叶长 2.65~7.60cm，宽 0.68~2.18cm，厚 0.10~0.15cm，嫩叶中脉基部及叶中下部边缘紫红色。当年生枝条灰白色，嫩枝梢部淡紫红色，多年生枝灰褐色，结果枝细长而软，棘刺少，枝形弧垂或斜生，枝长36~54cm，节间长1.34~1.48cm，成熟枝条较硬，棘刺极少，结果枝着果间距离1.09cm，每节花果数2.2个。花淡紫色，花长1.6cm，花瓣绽开直径1.5cm左右，花冠喉部至花冠裂片基部淡黄色，花丝近基部有圈稀疏绒毛，花萼2~3裂。幼果粗壮，熟果鲜红色，果表光亮，果身椭圆柱状，具4~5条纵棱，先端钝尖或圆，鲜果纵径1.5~1.9cm，横径0.73~0.94cm，果肉厚0.11~0.14cm，鲜果千粒重505~582g，果实鲜干比4.17∶1，干果色泽红润果表有光泽，含总糖54%，枸杞多糖3.34%、类胡萝卜素1.29g/kg、甜菜碱0.93 g/100g。亩产250~300kg，最高可达500kg以上。夏秋果平均特级以上56%~63.8%，甲级33%~37.7，乙级以下为10%。种子棕黄色，肾形，每果内含种子25~40粒，种子千粒重0.80g，种子占鲜果重的5.08%。

栽培技术要点 地下水位不得高于90cm。高度自交亲和，可单一品种建园。定植当年亩施有机肥2m^3、尿素25kg、二铵25kg、氯化钾15kg。3~4年后进入盛果期，盛果期亩施有机肥4m^3，尿

素 50kg、二铵 50kg、氯化钾 30kg，年灌水 5~6 次，盛果期可适量增加灌水次数。幼树期以中、重度剪截为主，选用圆锥形或自然半圆形树形。对于枸杞瘿螨、蚜虫、枸杞红瘿蚊、枸杞锈螨等害虫应结合物候期加强预防，进入主要降雨期后要加强黑果病的防治。

适宜区域　适宜在宁夏、新疆、甘肃、内蒙古、青海等西北地区种植。

选育单位　宁夏农林科学院枸杞研究所

2. 枸杞新品种——宁杞 2 号

作物种类　枸杞 *Lycium chinense* Mill.

鉴定编号　无

品种名称　宁杞 2 号

品种来源　原始材料来自当地优良品种大麻叶枸杞，采用单株方法选育而成。

特征特性　宁夏银川 3 月下旬萌芽，4 月下旬二年生枝现蕾、5 月中旬一年生枝现蕾，6 月上旬果熟初期，6 月下旬至 8 月上旬进入盛果期，7 月底发秋梢。成龄期株高为 1.50~1.68m，根茎粗 5.60~11.50cm，株冠直径 1.80~2.10m；树皮灰褐色，当年生枝

条灰白色，嫩枝梢端淡红白色。结果枝细长而软，棘刺极少，平均枝长 35.4cm，最长 95cm，节间长 1.41cm，结果枝开始着果的距离 7~17cm，每节花果数 2.03 个。叶深绿色，在二年生枝上簇生，条状披针形。当年生枝上单叶互生或后期有 2~3 枚并生，叶片长 2.61~7.45cm，宽 0.65~1.43cm，厚 0.385~0.481mm。老枝叶卵状披针形或披针形。花较大，花长 1.58~1.75cm，花瓣绽开直径 1.57cm 左右，花丝基部有圈特别稠密的绒毛，花瓣明显反曲，花萼多为单裂。果梭形，先端具一渐尖，鲜果平均纵径 2.43cm，横径 0.98cm，果肉厚 0.178cm，种子占鲜果 6.77%，干果含维生素 C 22.11mg/100g、胡萝卜素 6.3mg/100g、人体必须的氨基酸 1.631g/100g、枸杞多糖 1.647%。亩产 110~160kg，鲜果千粒重 590.5g，果实鲜干比 4.38∶1，特级果率占 71.3%，甲级果率 15.2% 乙级果率 10.8%。

栽培技术要点 栽植 1~2 年，每亩秋施有机肥 $2m^3$，4 月、5 月、6 月底各追肥 1 次，每次施尿素 13kg。2 年以后，每亩施有机肥 $3.5m^3$、油渣 650kg，4、5、6、7 月底各追肥 1 次，第复合肥 13~15kg。注意防治枸杞蚜虫、枸杞锈螨、枸杞红瘿蚊、枸杞负泥虫和枸杞瘿螨。幼树早期修剪应注意短截，培养树冠骨架，成年树的强壮枝适当短截，增发侧枝结果，疏剪细弱枝以有利通风透光。

适宜区域 适宜在宁夏、新疆、甘肃、内蒙古、青海等西北地区种植。

选育单位 宁夏农林科学院枸杞研究所

3. 枸杞新品种——宁杞 3 号

作物种类 枸杞 *Lycium chinense* Mill.

鉴定编号 S-SC-LB-OO1-2010

品种名称 宁杞 3 号

品种来源　原始材料来自内蒙先锋枸杞园中的优良单株。

特征特性　在宁夏银川3月下旬萌芽，5月上旬老眼枝开花，5月下旬七寸枝开花至9月下旬，6月下旬开始果熟，至10月下旬止，10月下旬开始落叶；成龄树株高1.50~1.61m，根茎粗4.01~5.05cm株冠直径1.30~1.50m；树势强，生长快，发枝多，每枝可发3.2枝，嫩枝梢部淡黄绿色，树皮灰褐色，当年生枝皮灰白色；结果枝细长而软，弧垂生长，棘刺少，平均枝长39.7cm；叶片绿色，叶横切面向下凹形，顶端渐尖，2年生老枝叶条状披针形，簇生，当年生枝叶披针形，长宽比4.88：1，互生；花绽开后紫红色，花冠喉部及花冠裂片基部紫红色，花冠筒内壁淡黄色，花丝近基部有圈稠密绒毛，花梗长2.31cm；长枝上花1~3朵腋生。果熟后为红色浆果，粗大，果腰部略向外凸，平均纵径1.74cm，横径0.89cm，果肉厚0.207cm，千粒重996.6g，果实鲜干比4.68：1，平均每果有种子数33.3粒。干果含枸杞多糖6.33%，人体必需的8种氨基酸2.6mg/100g，甜菜碱1.1g/100g，胡萝卜素0.02g/100g。栽植枝条扦插苗（壮苗），第一年亩产干果109.8kg，亩产值2 188.8元；第二年亩产386.01kg；第三年亩产484.76kg；第四年亩产609.97kg；第五年亩产598.25kg，亩产值12 182.1元。

栽培技术要点　在年平均气温4.4℃ ~12.8℃，≥ 10℃年有效

积温 2 000~4 400℃，年日照时数大于 2 500h，有灌溉条件，土壤活土层 30cm 以上，地下水位 1.2m 以下，含盐量 0.20% 以下，pH 值 8.0~9.13 的中壤，轻壤土上较丰产。第一年每株施肥（猪、羊圈粪）5kg，4 月底尿素 100g，5 月、6 月下旬，每次每株施肥磷酸二铵 100g，随树体增大，施基肥量适当增加。花果期每隔 10~15 天叶面喷 0.5% 氮、磷、钾水溶液一次。每年秋季，修剪采用疏剪为主，少短截。生长季节及时抽除不需留用的徒长枝，及时进行园地松土除草及病虫害防治。

适宜区域 适宜在宁夏、新疆、甘肃、内蒙古、青海等西北地区种植。

选育单位 国家枸杞工程技术研究中心

4. 枸杞新品种——宁杞 4 号

作物种类 枸杞 *Lycium chinense* Mill.

鉴定编号 S–SC–LB–OO1–2005

品种名称 宁杞 4 号

品种来源 原始材料来自中宁枸杞大麻叶实生枸杞园。

特征特性 在宁夏银川 3 月下旬萌芽，4 月下旬一年生枝现蕾、5 月中旬当年生枝现蕾，6 月上旬果熟初期，6 月中旬进入盛果期，7 月下旬发秋梢。成龄期树高 1.82m，冠幅 1.3m，每株平均结果枝 222.8 枝，着果距 9.3cm，每节花数 4 个。叶色浓绿，质地厚，二年生枝叶片披针形，当年生枝叶片部分反卷，嫩叶叶脉基部至中部正面紫色。花长 1.59cm，花瓣绽开直径 1.53cm，花丝中部有圈稠密绒毛，花萼 2~3 裂。果枝芽眼花蕾数量多，落花落果少。二年生枝每芽眼花蕾数 4~7 朵，二年生的枝和一年生春七寸枝平均落花落果 2.3%。果实长，果径粗，具 8 棱（4 高 4 低），先端多钝尖。鲜果平均纵径 1.83cm，横径 0.94cm。干果含维生

素 C19.40mg/100g，胡萝素 7.38mg/100g，人体必须的 8 种氨基酸 1.619g/100g，枸杞多糖 3%以上。栽植当年平均亩产干果 42.1kg，栽后第 4 年平均亩产干果 486.2kg

栽培技术要点　按照该品种耐高肥特点及枸杞生长发育需肥特点加强肥水管理。春季发枝后，每 7~10 天修剪 1 次，及时疏除根部主干和树冠位置的徒长枝，并对各层延长枝及时进行短截修剪，促其在年度内形成 2 次枝或 3 次枝，使之迅速扩大树冠。

适宜区域　适宜在宁夏、新疆、甘肃、内蒙古、青海等西北地区种植。

选育单位　中宁县枸杞产业管理局

5. 枸杞新品种——宁杞 5 号

作物种类　枸杞 *Lycium chinense* Mill.

鉴定编号　宁 S-SC-LB-001-2009

品种名称　宁杞 5 号

品种来源　原始材料来自银川宁杞 1 号生产园，经群体选优而成。

特征特性　嫩枝梢部略有紫色条纹，成熟枝条黄灰色，后段偶具细弱的 1~3mm 针刺，当年生结果枝长大多数集中在 45cm 以上、细软；老熟功能叶青灰绿色，最宽处近叶片中部，长宽比4.12~4.38；柱头显著高于花药，花药嫩白色、开裂、无花粉粒，花丝绒毛稠密；鲜果橙红色，纵切面近圆形，横纵径比值2.35，鲜干比4.1~4.8。耐寒、耐盐碱，不耐根腐病；生长快，幼树需经两级剪截来弱化其强的营养生长，成龄树发枝力强，枝条柔顺，易于形成果枝；授粉良好状态下，最大鲜果重3.28g，夏季平均单果重1.35g，秋季平均单果重1.08g；鲜干比4.1~4.6，干果每50g270粒左右，总糖含量55.8%、甜菜碱含量0.98g/100g、枸杞多糖3.49g/100g、类胡萝卜素1.20g/kg。

栽培技术要点　与宁杞1号株间1∶1混植，结合放养蜜蜂，可以稳产、高产；发芽早，病虫害防治需结合物候期提早进行，主花期病虫害防治应注意保护蜜蜂。强根腐病的防治，生长期灌水宜少量多次，农事耕作时应避免对根颈基部的机械损伤，必要时株间垄作。幼树期树势强，夏季要勤摘心，多剪截；3龄以后春剪以留、疏为主，以截为辅。

适宜区域　适宜在惠农、银川、中宁、中卫、同心、红寺堡、海原等有蜜蜂放养、有灌溉条件的宁杞1号产区种植。

选育单位　宁夏枸杞工程技术研究中心、育新枸杞种业有限公司、宁夏枸杞协会

6. 枸杞新品种——宁杞 6 号

作物种类 枸杞 *Lycium chinense* Mill.

鉴定编号 S–SC–LB–008–2010

品种名称 宁杞 6 号

品种来源 原始材料来自宁夏银川枸杞天然杂交实生后代。

特征特性 该具有生长旺盛，发枝力强，结果性状良好等优良特性。生长期 245d 左右。植株整体生长旺盛，抽枝力强，枝条较直立，长而硬。非当年生枝灰白色，具长针刺，每节间 3~7 个花果簇生于叶腋；当年生枝青绿色，稍端泛红色，每节间 2~3 个花果簇生于叶腋。叶片呈宽长条形，叶色碧绿，叶脉清晰，幼叶片两边对称卷曲成水槽状，老叶呈不规则翻卷，叶片大，单叶面积 2.9cm^2。合瓣花，花长 1.4cm, 花瓣直径 1.3cm, 花冠 5 个，紫红色，且一直延伸至花筒基部。花筒直径小，平均 2.5mm。雄蕊 5 枚，稀 4 或 6 枚，部分雌蕊高于雄蕊。开花后雌蕊向两侧呈不规则弯曲。幼果细长稍弯曲，萼片单裂，个别在尖端有浅裂痕，果长大后渐直，成熟后呈长矩形。鲜果平均单果质量 1.29g，横径 9.29mm，纵径 22.73mm，果肉厚 2.03mm，含籽数 20.96 个；枸杞多糖、氨基酸总量、胡萝卜素含量分别是 12.6mg/kg、89.1mg/kg、1.5mg/kg。亩产鲜果 1 000kg 以上。

栽培技术要点 栽植密度 1m × 3m, 采用“宁杞 6 号”:“宁杞 1 号”=2∶1 的比例进行株间混植或 1∶1 的比例行间混植。多留结果枝，对中间枝重短截促发侧枝；当年生徒长枝打顶后发出的侧枝仍较壮，部分枝条需经二次打顶；定期疏除过密枝条。施肥以有机肥为主，视树龄不同施入量不同，5 月上旬、6 月中旬追施化肥各一次，追肥以尿素和磷酸二铵为主。全年灌水不少于 6 次。主要防治枸杞蚜虫、木虱、瘿螨、锈螨、负泥虫和红瘿蚊。

适宜区域 适宜在宁夏海原、中宁、银川、平罗、惠农等地区

栽培。

选育单位 宁夏森淼种业生物工程有限公司、宁夏林业研究院股份有限公司

7. 枸杞新品种——宁杞 7 号

作物种类 枸杞 *Lycium chinense* Mill.

鉴定编号 宁 S-SC-LB-009-2010

品种名称 宁杞 7 号

品种来源 原始材料来自固原黑城枸杞园，经群体选优而成。

特征特性 树势强健，生长快，树冠开张，通风透光好。在宁夏地区栽植 5 年时即可进入稳产期，5 年生树，株高 1.8m，冠幅 1.8m×1.6m，地径 6.36cm。老眼枝灰白色，正常水肥条件下无棘刺，当年生七寸枝青绿色，稍端微具紫色条纹，平均节间长 1.56cm。成熟叶片深绿色，在二年生枝上簇生，当年生枝成熟叶片宽披针形，叶脉清晰，平均单叶面积 1.71cm^2，叶长宽比为 3.34∶1、叶片厚度 0.56mm。花蕾长 1.4cm，花瓣绽开直径 1.57cm, 花瓣 5，萼片 2 裂、稀单裂，花长 1.7cm，花瓣绽开直径 1.6cm，花绽开后花冠裂片瑾紫色，花冠筒喉部鹅黄色，瑾紫色未越过喉部；花冠檐部裂片背面中央有一条绿色维管束，花后 2~3h 花冠开始反卷，花冠瑾紫色自花冠边缘向喉部逐渐消退，远观花冠外缘近白色，花丝近基部有圈稀疏绒毛。幼果粗直、花冠脱落处具清晰果尖，果长大后渐消失，成熟后呈长矩型。5 年平均鲜果单果重 0.71g；单果平均横径 1.18cm、纵径 2.2mm、横纵经比值 2.0，果肉厚 1.2mm、含籽数平均 29 个、鲜干比 4.1~4.6。1 龄树年亩产干果 20kg，混等每 50g 粒数 280 粒左右；2 龄树亩产干果 50kg，混等每 50g 粒数 280 粒左右；3 龄树亩产干果 130kg，混等每 50g 粒数 280 粒左右。

栽培技术要点　高度自交亲和，可纯系栽培。成龄树二年生 2 级侧枝是休眠期修剪的主要选留对象，选留的原则是去强留弱，留枝长度视枝条强弱长度把握在 20~30cm。夏季修剪：成龄树主干、主枝及 1 级侧枝上萌发的多是徒长枝，所发新芽除选留的外一律抹除，二级枝组上所发强旺枝选留的一定要在其 20cm 左右时进行摘心，促花促果舒缓树势。有机肥施入时要先行腐熟，避免烧根。

适宜区域　适宜在宁夏、新疆、甘肃、内蒙古、青海等西北地区种植。

选育单位　国家枸杞工程技术研究中心

8. 枸杞新品种——宁杞 8 号

作物种类 枸杞 *Lycium chinense* Mill.

鉴定编号 宁 S-SC-LB-001-2015

品种名称 宁杞 8 号

品种来源 原始材料来自宁夏银川宁夏枸杞实生苗。

特征特性 该品种为通过自然选优的方法，选育出得一个枸杞果粒特别大，但总体花果量较少的新品种。生长期 240d 左右，比“宁杞 1 号”物候期提前 3~5d。植株整体茎直立，灰褐色，上部多分枝。树体生长势中庸，冠形紧凑，结果枝条长而下垂；坐果距较长。叶片呈窄条形，幼叶绿色，成熟后叶片灰绿色，叶脉清晰；叶面积大，“宁杞 8 号”单株叶面积比“宁杞 1 号”增加 31%。花 1~2 朵簇生叶腋，合瓣花。花冠裂片平展，呈圆舌形，紫红色，花冠筒长于花冠裂片；雄蕊 5，稀 4 或 6，雌蕊 1，花药黄白色，花丝着生于花冠筒下部并与花冠裂片互生；花瓣喉部黄色，具规则紫红色条纹。老眼枝现蕾开花量极少，多在老眼枝顶端或长针刺枝上结果，每节间 3~4 个花果簇生于叶腋；七寸枝花果量每节 1~2 朵花，稀 3 朵，幼树枝条多刺，成龄后刺渐少，枝条长而下垂，结果距长 40~60cm。幼果细长弯曲，萼片单裂，个别在尖端有浅裂痕，果实长大后渐直，成熟后呈长纺锤形，两端钝尖，果粒大，平均纵径 2.5cm，最大果长可达 4.1cm，鲜果千粒重比“宁杞 1 号”增加 67.4%。

栽培技术要点 枸杞新品种“宁杞 8 号”的栽培技术同‘宁杞 1 号’基本相同，但由于“宁杞 8 号”自交亲和性差。不适宜纯系栽培，必须进行授粉树的配置。试验结果证明采用“宁杞 8 号”：“宁杞 1 号”=2：1 的比例进行株间混植或 1：1 的比例进行行间混植，均可达到稳产的目的。“宁杞 8 号”发枝力一般，老眼枝结果力弱，1~3 年生幼树多长针刺，长针刺枝具结果能力，可保留结果，中间枝、徒长枝除用作整形补空外一律去除。需要短截

的部分老眼枝要轻短截（短截枝条的1/4~1/3）严禁进行重短截，其他修剪及生产管理方法参考“宁杞1号”执行。

适宜区域 适宜于宁夏、青海、新疆、甘肃、内蒙古等地栽培。

选育单位 宁夏森淼种业生物工程有限公司、宁夏林业研究院股份有限公司

9. 枸杞新品种——枸杞叶用1号

作物种类 枸杞 *Lycium chinense* Mill.

鉴定编号 宁S-SC-LB-002-2015

品种名称 枸杞叶用1号

品种来源 原始材料母本来自“宁杞1号”，父本来自河北枸杞，通过倍性育种、杂交技术等方法相结合选育而成。

特征特性 生长期230d左右，“宁杞9号”生长旺盛，抽枝量大。当年生枝条灰白色，枝梢深绿色，枝条长而弓形下垂，刺少，枝长40~50cm，最长80cm。叶片肥厚，长椭圆形，叶长5.2~8.4cm，宽1.7~2.4cm，厚0.95~1.5mm。在当年枝上单叶互生，二年或多年生枝条上三叶簇生，少互生。也可开花结果，但果实糖分高，不易晾干，果实内种子数少，且多是庇籽。叶芽含有17种氨基酸，氨基酸总量（45.7mg·g^{-1}）是枸杞鲜果（21.0mg·g^{-1}）

的 2.17~3.46 倍。每 100g“宁杞 9 号”叶芽中胡萝卜素、维生素 B_1、维生素 B_2、维生素 C 的含量分别为 15.06、0.02、0.24 和 32mg，锌、铁、钙矿质元素含量分别为 1.23、7.35 和 156.50mg。适宜于加工高档枸杞芽茶和芽菜。定植三年后稳产，稳产期亩产枸杞叶芽菜 1 200~1 500kg。

栽培技术要点 该品种作为叶用型枸杞新品种、适宜于中国北方大部分地区种植。适时栽植时间为 4 月初至 6 月中旬。定植前全面整地，每公顷撒施 90~150m^3 牛羊粪有机肥，深松浅翻，整平耙细；起苗至栽植各环节确保不失水，不窝根。采用株距 20cm，垄距 20cm，垄宽 40cm 的起垄单行定植，或者株行距为 20cm × 20cm，垄距 50cm，垄宽 60cm 的起垄双行“品字形”定植。每年春季离地 10~15cm 处平茬，嫩梢长至 10~15cm 进行采收，一般 4~6d 采收一次，采摘长度为 5~8cm。每收获 4~5 次补施复合肥或氮磷钾混合肥一次，施用量为 120~150kg · hm^{-2}（依据土质进行调整）。主要防治枸杞蚜虫、木虱。

适宜区域 适宜于我国宁夏、陕西、河北、重庆等地栽培。

选育单位 宁夏森淼种业生物工程有限公司、宁夏林业研究院股份有限公司

10. 枸杞新品种——宁农杞 9 号

作物种类　枸杞 *Lycium chinense* Mill.

鉴定编号　宁 S-SC-LB-001-2014

品种名称　宁农杞 9 号

品种来源　原始材料来自内蒙古拉特前旗先锋乡枸杞园中的优良单株。

特征特性　树体生长量大，生长快；老眼枝灰白色，正常水肥条件下无棘刺；当年生七寸枝青绿色，稍端具大量堇紫色条纹。自然成枝力弱（2.8 枝 / 枝），剪接成枝力强（4.4 枝 / 枝）。枝条粗长、硬度中等（平均枝长 51.93 cm，平均枝基粗度 0.37cm），平均节间长 1.57cm。成熟叶片厚、深绿色、一年生枝上叶片常扭曲反折；叶长宽比为 4.2：1、叶片厚度 0.71mm。二年生枝花量少，当年生枝条上每叶腋花量 1~2 朵；花蕾上部紫色较深，花萼单裂，花瓣 5，花冠筒裂片圆形，花瓣绽开直径 1.61cm，花喉部豆绿色，花冠檐部裂片背面中央有三条绿色维管束。宁夏地区夏果平均单果重 1.14g，纵横经比值 2.5，果肉厚 1.8mm，含籽数平均 32 个，鲜干比 4.3~4.7。1 龄树年亩产平均干果 15kg，混等每 50g 粒数 220 粒；2 龄树亩产平均干果 60kg，混等每 50g 粒数 232 粒；3 龄树亩产平均干果 120kg，混等每 50g 粒数 246 粒。

栽培技术要点　选择宁杞 1 号、宁杞 4 号等为授粉树，适宜树形为二层窄冠疏散分层形。冠面高度。成龄树主干、主枝及 1 级侧枝上萌发的多是徒长枝，所发新芽除选留的外一律抹除，二级枝组上所发强旺枝选留的一定要在其 15cm 左右时进行摘心，促花促果舒缓树势。灌溉用水具有一定矿化度的产区，其生长更好。

适宜区域　适宜在宁夏枸杞种植的惠农、银川、中宁、中卫、同心、红寺堡等枸杞产区种植。

选育单位　宁夏农林科学院（国家枸杞工程技术研究中心）、宁夏百瑞源枸杞产业发展有限公司

十七、陕西省中药材新品种选育情况

地区：陕西

审批部门：陕西省种子管理站

中药材品种审批依据归类：陕西省非主要农作物品种登记管理办法

陕西省中药材新品种选育现状

药材名	品种名	选育方法	选育年份	选育编号	选育单位
山茱萸	石磙枣1号	无性系	2008		陕西省GAP工程技术研究中心
	大红枣1号	无性系	2008		
黄姜	安姜1号	系选	2003		陕西省岚皋县林业技术推广站
	安姜2号	系选	2003		
	安姜3号	系选	2003		
杜仲	秦仲1号	无性系	2003		西北农林科技大学
	秦仲21号	无性系	2003		
	秦仲3号	无性系	2003		
	秦仲4号	无性系	2003		
丹参	天丹1号	集团	2011	2011001	陕西天士力植物药业有限公司、西北农林科技大学

1. 丹参新品种——天丹 1 号

作物种类　丹参 *Salvia miltiorrhiza* Bunge

鉴定编号　陕西药材 2011001

品种名称　天丹 1 号

品种来源　原始材料来自 2004 年 11 月从商州市山阳县高坝镇大田栽培丹参中，通过单株选择的方法选育而成。

特征特性　通过单株选择的方法选出了 300 个单株，按照如下几个标准选择单株：①植株高大健壮、无病；②主茎粗壮、明显；③分枝达到 5 个以上；④叶色深绿；⑤花色蓝紫；⑥根条数 10 条以上；⑦丹参素含量大于 2.0%；丹参酮ⅡA 含量大于 0.4%；丹酚酸 B 含量大于 7.0%。2005 年选留出 10 个单株，种植成株行圃进行观察比较和检测分析，2006 年经过择优，留下 5 个株系继续进行小面积品系比较和相关配套的栽培技术试验，采用种子繁殖方式种植成株系圃进行观察比较，同时对其物候期、抗逆性、品质和产量进行系统分析，最后根据抗逆性等综合指标，其中主要以丹参药材中丹参素、丹参酮和酚酸类物质的含量是否高于药典规定和产量是否高于当地紫花丹参为标准，2007 年从中选出天丹一号

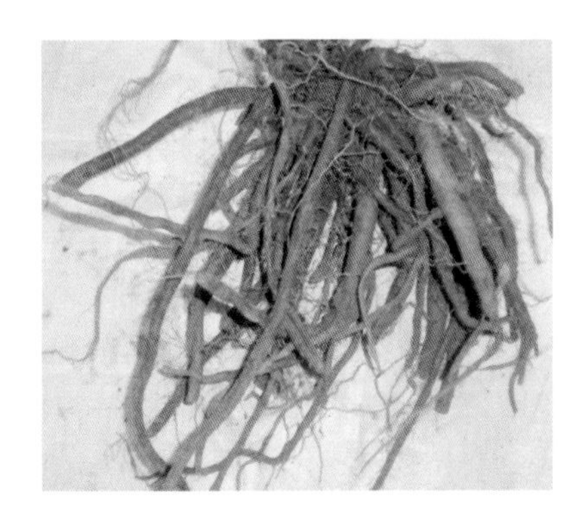

品系，2008—2010 年分别在商州、山阳和杨凌进行区域试验和栽培试验，天丹一号表现出抗逆性强，药效成分含量超过药典规定 30%~50%，产量平均增产 26.64% 的优良特性。

适宜区域 适宜在山西、河南、陕西秦巴地区种植。

选育单位 陕西天士力植物药业有限责任公司、西北农林科技大学

2. 丹参新品种——天丹 2 号

作物种类 丹参 *Salvia miltiorrhiza* Bunge

鉴定编号 陕西药材 2011002

品种名称 天丹 2 号

品种来源 原始材料来自商州市大田栽培丹参中发现的不育系，丹参雄性不育系 SH-B-18 做母本，可育系丹参 A-107 做父本配制而成的丹参杂交种。通过三系配套法杂交选育而成。

特征特性 SH-B 是西北农林科技大学与陕西天士力植物药业有限公司合作于 2002 年在丹参基地大田中发现的一株雄性不育株，经切根繁殖，选择生长发育期与 A-107 基本一致，不育性彻底，根条数在 10 根以上，根鲜红，丹参素、丹参酮和酚酸类物质的含

量高于当地药材和药典规定，抗病性高的优良单株，进行连续切根繁殖、选择选育而成，定名为丹参 SH-B-18 不育系。2008 年—2010 年在商洛、山阳、杨凌等地进行品比试验，参试品种有天丹二号、天丹一号、商洛丹参、山东丹参、白花丹参、山西丹参、河南丹参。3 年试验，该组合在商洛平均亩产分别为 1 065.90kg、1 088.53 kg、1 059.72 kg，较对照商洛丹参亩产 749.01kg、626.57kg、854.98kg 分别增产 42.31%、73.73%、23.95%，居当地种植品种第一位，3 年 3 地连续试验结果平均亩产 1 032.97kg，较对照商洛丹参平均亩产 760.90kg 增产 35.76%。

丹参酮ⅡA 含量 0.56%，丹酚酸 B 含量 7.4%。平均亩产 1 032.97kg，折干率 26.96%，亩产干品 278.45kg，高水肥示范田块亩产干品可达 350kg 以上。

选育单位　西北农林科技大学、陕西天士力植物药业有限责任公司

十八、重庆市中药材新品种选育情况

地区：重庆

审批部门：重庆市种子管理站

中药材品种审批依据归类：重庆市非主要农作物品种鉴定

重庆市中药材新品种选育现状

药材名	品种名	选育方法	选育年份	选育编号	选育单位
青蒿	渝青1号	株系	2009	2009008	重庆市中药研究院
	渝青2号	株系	2015	2015017	
	药客佳蒿1号	杂交育种	2015	2015016	
山银花	渝蕾1号	系选	2009		重庆市中药研究院等2单位
粉葛	苕葛1号	无性系	2009	2009009	重庆市中药研究院等4家单位
	地金2号	无性系	2009	2009010	
玄参	渝玄参1号	株系混合	2014	2014004	重庆市中药研究院
枳壳	渝枳1号	渝枳1号	2016	2016017	重庆市中药研究院、铜梁县子奇药材有限公司

1. 粉葛新品种——苕葛 1 号

作物种类 粉葛 *Pueraria thomsonii* Benth

鉴定编号 渝品审鉴 2009009。

品种名称 苕葛 1 号

品种来源 原始材料来自合川区栽培粉葛地方品种苕葛中的高

产优质无性株系，经对葛根产量、淀粉含量、黄酮含量定向选择培育而成。

特征特性 苕葛1号粉葛品种属多年生豆科藤本植物，叶为三出复叶，叶缘二裂，叶片宽大肥厚，小叶长14.7cm，叶宽13.3cm。葛藤短的5~7m，最长16.1m，藤蔓粗1.5cm，节间距13.5cm。每株藤蔓数8.2根，藤上有淡黄色茸毛。葛根短而粗大，块根圆锥形，表皮黑褐色，单株平均鲜葛重2.93kg，块根直径13.4cm，周长41.92cm，块根长19.8cm。分枝2.72个。据农业农村部农产品安全监督检验测试中心（重庆）和西南大学农产品与质量安全检测中心检测，葛根水分含量59.5%，淀粉含量25.63%，粗纤维1.22%，粗蛋白3.00%，总黄酮2.34%，葛根素0.41%。

产量表现 该品种参加2006—2007年度重庆市合川区葛新品种区试，平均亩产1 705.0kg，比对照合川大粉葛增产32.0%，三个点均增产，居第二位；2007—2008年度重庆市合川区葛新品种区试，平均亩产1 948.5kg，比对照合川大粉葛增产67.4%，三个点均增产，居第一位。

栽培要点 ①栽植时间：可在2月底至5月中旬，以3月下旬到4月上旬为宜。②合理密植：选择阴天移植，移苗前要浇透水以便带土起苗，每亩栽植550~700株，株距70~90cm。③田间管理：定植后适当用稀释人畜粪水定苗。当苗高30厘米时应搭架。当苗长至30厘米左右时，催苗1次，可用0.3~0.5%的尿素水喷洒，以后可适当追肥；或者每亩施5~8kg的复合肥。一般在4—7月葛的生长期，可施追肥1~2次。收获前45d内不得施肥。葛藤长到1.5~2.0m时，需进行修剪。每株留1~2根粗壮的藤条作为主藤，其它的全部剪去。主藤长到5米时，剪去顶端，保证养分促进块根膨大。④病虫害防治：主要防治蚜虫、葛根叶螨、霜霉病及锈病。⑤采收：一般在12月中旬到翌年1月底采收两年生葛根。

适宜区域 适宜于重庆市合川区及其他相似气候、年平均温度不低于10℃的地区种植。

选育单位　重庆市中药研究院、重庆万寿生物医药有限公司、合川区葛产业联合社、合川区农业局

2. 粉葛新品种——地金2号

作物种类　粉葛 *Pueraria thomsonii* Benth.

品种名称　地金2号

品种来源　原始材料来自合川区引进粉葛品种山东美国黄金葛中选择的优质无性株系，经对葛根产量、淀粉含量、黄酮含量定向选择培育而成。

鉴定编号　渝品审鉴2009010。

特征特性　据经农业农村部农产品质量安全监督检验测试中心（重庆）和西南大学农产品与质量安全检测中心检测，葛根水分含量61.2%，淀粉含量25.58%，粗纤维1.38%，粗蛋白2.93%，总黄酮1.47%，葛根素0.32%。

产量表现　该品种参加2006—2007年度重庆市合川区葛新品种区试，平均亩产1 827.9kg，比对照合川大粉葛增产41.5%，三个点均增产，居第一位；2007—2008年度重庆市合川区葛新品种区试，平均亩产1 793.5kg，比对照合川大粉葛增产54.1%，三个点均增产，居第二位。

栽培要点　①栽植时间：可在2月底至5月中旬，以3月下旬到4月上旬为宜；②合理密植：选择阴天移植，移苗前要浇透水以便带土起苗，每亩栽植550~700株，株距70~90cm；③田间管理：定植后适当用稀释人畜粪水定苗。当苗高30cm时应搭架。当苗长至30cm左右时，催苗1次，可用0.3~0.5%的尿素水喷洒，以后可适当追肥；或者每亩施5~8kg的复合肥。一般在4—7月葛的生长期，可施追肥1~2次。收获前45d内不得施肥。葛藤长到

1.5~2.0m 时，需进行修剪。每株留 1~2 根粗壮的藤条作为主藤，其它的全部剪去。主藤长到 5m 时，剪去顶端，保证养分促进块根膨大。④病虫害防治：主要防治蚜虫、葛根叶螨、霜霉病及锈病。⑤采收：一般在 12 月中旬到第二年 1 月底采收两年生葛根。

适宜区域 适宜于重庆市合川区及其他相似气候、年平均温度不低于 10℃的地区种植。

选育单位 重庆市中药研究院、重庆万寿生物医药有限公司、合川区葛产业联合社、合川区农业局

3. 青蒿新品种——渝青 1 号

作物种类 青蒿 *Indigo Naturalis*

品种名称 渝青 1 号

鉴定编号 渝品审鉴 2009008

特征特性 该品种属野生青蒿种的优良单株后代。全生育期 210~270d，一般 240d 左右。株高 2.50m，呈二次分枝，一级分枝 40~70 个，分枝角度小于 45°。茎青紫色或紫红色。叶型二回羽状深裂，叶裂隙间小，裂叶密。叶色青绿色，叶片中等稍大。植株较高，株型较紧凑，易倒伏。西南大学资源环境学院检测结果，青蒿素平均含量 11.6mg/g（按干物质计）和 10.1mg/g（按风干样计）。

产量表现 该品种于 2007 年在丰都、酉阳、黔江进行多点区域试验，平均亩产 163.9kg，比对照（当地野生品种）增产 105.8%；2008 年在丰都、酉阳、黔江进行多点区域试验，平均亩产 173.5kg，比对照增产 62.3%。

栽培技术要点 ①播期和密度：用种子繁殖，采用假植或肥球育苗。一般 12 月上中旬播种，最迟为 2 月中旬。种植密度 1 100~1 800 株 / 亩。可采用（60~70）cm×（60~80）cm，每穴 1 株。②移栽：播后 60~75d，当青蒿苗长到 15~20cm 即可进行大

田移栽。③施肥：移栽成活后，10d 左右可施肥一次。用清淡人畜粪水 30~40 担混合复合肥 15~30kg 施用或 0.3% 的复合肥淋施。以后每隔 20d 左右施肥一次，施肥主要以追施氮肥为主，配合施用复合肥，每次 20~30kg，必须开沟施用，施后覆土。④病虫害防治：采取综合防治措施，主要防治蚜虫。用当蚜虫暴发时可选用 40% 乐果乳剂 1 000 倍液或 10% 吡虫啉 3 000 倍液每隔 7~10d 一次，喷施 2~3 次。选大晴天中午开始收割最好。用木棍或连盖拍下全部干燥叶片，筛去枝杆和杂质后包装好，放于通风阴凉处保存。

适宜区域 该品种适宜重庆市武陵山区及其他气候相似地区海拔 800m 以下地区种植。

选育单位 重庆市中药研究院

4. 青蒿新品种——渝青 2 号

作物种类 青蒿 *Indigo Naturalis*

品种名称 渝青蒿 2 号

鉴定编号 渝品审鉴 2015017

品种来源 原始材料来自自然变异单株选育而成。

特征特性 属中熟青蒿品种，生育期约 260d。幼苗植株形态为圆柱型，盛期株型为塔型，株型紧凑；二回羽状深裂，叶裂隙间隙较小，裂叶密，叶色青绿色；其株高 2.2m 左右，茎粗 2.00~3.00cm，茎色紫红色，基部分枝长，最大分枝长度约 100cm，一次分枝数约 60 个，分枝角度小于 55° 。耐涝力强。经检测，青蒿干叶青蒿素质量分数为 1.32%。

产量表现 2013 年区试平均亩产 154.3kg，较对照渝青 1 号增产 4.1%；2014 年区试平均亩产 159.2kg，增产 4.9%。两年区试平均亩产 156.8kg，增产 4.5%。

栽培技术要点　12月上中旬播种，肥球育苗，种植密度1 100~1 800株/亩。4月上中旬苗高15cm时大田移栽，每穴1株，高产栽培以土层深厚、肥沃的砂壤土为宜。移栽后及时浇定根水，移栽成活约10d左右可施肥一次。用清淡人畜粪水30~40担混合复合肥15~30kg施用或0.3%的复合肥淋施。以后每隔20天左右施肥一次，施肥主要以追施氮肥为主，配合施用复合肥，每次20~30kg，必须开沟施用，并且施后要覆土。主要防治蚜虫。用当蚜虫暴发时可选用40%乐果乳剂1 000倍液或10%吡虫啉3000倍液每隔7~10d一次，喷施2~3次。选大晴天中午开始收割最好。用木棍或连盖拍下全部干燥叶片，筛去枝杆和杂质后包装好，放于通风阴凉处保存。

适宜区域　该品种适宜重庆市武陵山区及其他气候相似地区海拔800m以下地区种植。

选育单位　重庆市中药研究院

5. 青蒿新品种——药客佳蒿1号

作物种类　青蒿 *Indigo Naturalis*

品种名称　药客佳蒿1号

鉴定编号　渝品审鉴2015016

品种来源　原始材料来自Sd-034792×Sd-023373

特征特性　属中晚熟青蒿品种，株高2.15m左右，茎粗约2.2cm，一次分枝数约60个，二次分枝数约700个，幼苗植株形态为柱型，叶密，叶裂片间距窄，8月生长盛期株型紧凑下部分枝长，生长较迅速，最大分枝长度约80cm，叶色灰绿色，耐涝力较强，生育期275d，现蕾期为9月下旬，开花期为10月中旬，种子成熟期为12月下旬。经检测，青蒿干叶青蒿素质量分数为1.15%。

产量表现　2013 年区试平均亩产 177.2kg，较对照渝青 1 号增产 19.5%；2014 年区试平均亩产 169.8kg，增产 11.9%。两年区试平均亩产 173.5kg，增产 15.7%。

栽培技术要点　12 月上中旬播种，肥球育苗，种植密度 1 100~1 800 株 / 亩。4 月上中旬苗高 15cm 时大田移栽，每穴 1 株，以土层深厚、肥沃的砂壤土为宜。移栽后及时浇定根水，移栽成活 10d 左右可施肥一次。用清淡人畜粪水 30~40 担混合复合肥 15~30kg 施用或 0.3% 的复合肥淋施。以后每隔 20d 左右施肥一次，施肥主要以追施氮肥为主，配合施用复合肥，每次 20~30kg，必须开沟施用，并且施后要覆土。主要防治蚜虫。用当蚜虫暴发时可选用 40%乐果乳剂 1 000 倍液或 10%吡虫啉 3 000 倍液每隔 7~10d 一次，喷施 2~3 次。选大晴天中午开始收割最好、干燥叶片，筛去枝杆和杂质后包装好，放于通风阴凉处保存。

适宜区域　该品种适宜重庆市武陵山区及其他气候相似地区海拔 800m 以下地区种植。

选育单位　英国约克大学新型农产品中心、重庆市中药研究院

6. 玄参新品种——渝玄参 1 号

作物种类　玄参 *Scrophulariae Radix*

品种名称　渝玄参 1 号

鉴定编号　渝品审鉴 2014004

品种来源　原始材料来自国内主产区栽培玄参种质资源中的优良无性单株，经多代定向选育而成。

特征特性　属多年生草本，株高平均 190cm。茎直立、绿色，四棱形有深槽，茎粗 15.1~23.7cm。叶对生，叶片心形，长 14.3~15.8cm，宽 23.5~25.3cm，先端渐尖或急尖。聚伞花序，较疏散，花冠暗紫色，相邻边缘相互重叠，下唇裂片多，中裂片稍

短。雄蕊稍短于下唇，花丝肥厚，退化雄蕊 1 枚。花期 7—8 月，果期 8—9 月。块根致密，外表光滑、灰白色，呈纺锤形，中间略粗，有的微弯曲；单株块根平均 4 个，单株鲜重 400g 左右。哈巴苷和哈巴俄苷的总含量为 1.29%。

产量表现　2012 年多点品比试验平均亩产 1 620.0kg，较对照当地常规品种增产 37.39%；2013 年多点品比试验平均亩产 1 562.0kg，增产 27.30%。两年多点品比试验平均亩产 1 591.0kg，增产 32.30%。

栽培技术要点　适宜在砂质壤土和腐殖壤土中种植，不连作。当年收获时至次年 2 月播种，株行距为 30 × 30cm。亩用有机肥 1 500~2 000kg，过磷酸钙 100~150kg，尿素 20~30kg，高含量复合肥 50~60kg，钾肥 30~40kg，穴施。加强田间管理，7—8 月及时剪掉玄参茎杆顶部出现的花苔，注意防治斑枯病、地老虎等病虫害。栽种当年的 10—11 月茎叶枯黄时要及时采收。

适宜区域　该品种适宜在重庆市武陵山区及其他气候相似地区海拔 1 000~2 000m 范围内种植。

选育单位　重庆市中药研究院

7. 枳壳新品种——渝枳 1 号

作物种类　酸橙 *Fructus Aurantii*

品种名称　渝枳 1 号

鉴定编号　渝品审鉴 2016017

品种来源　原始材料来自重庆、四川酸橙资源中选育出的性状稳定、品质好的芽变枝条，定向选育，通过无性繁殖形成。

特征特性　常绿小乔木，枝刺较少，枝条一年生长 3~4 次；叶片椭圆形，先端渐尖，厚纸质，几无翼叶；花单生或数朵簇生于叶腋，花白色，花瓣 5 片；果实近球形，两端不凹入，果皮光滑，具点状油胞，果心实，瓤囊 11~14 瓣，果肉味酸，带苦味；种子多且大。花期 4—5 月，果熟期 11—12 月。鲜果平均横径 4.5~7.0cm，中果皮厚 1.4~1.7cm、平均厚度 1.6cm。7 月下旬采收未成熟果实入药，挥发油含量 1.21mL/100g.dry, 柚皮苷含量 6.49%，新橙皮苷含量 3.93%。

产量表现 平均单果鲜重 80g，8~9 年生平均单株鲜果重 25.7kg、亩产鲜重 2 056.0kg，8~10 年树龄渝枳一号较对照增产 27.2%。

栽培技术要点 适宜排水良好、疏松、湿润、土层深厚的砂质壤土和冲积土为好，pH 值微酸至中性。嫁接繁殖一般采用芽接和枝接，枝接以 2—3 月为宜，芽接以 7—9 月为宜。种苗在苗高 60cm 以上、地径 0.8cm 以上时，适合出圃定植；定植按行距 3~4m，株距 2~3m 定点开穴，穴深 50~60cm；栽植前，在 10 月下旬至 11 月上旬或者 3 月，每穴施入 5kg 左右腐熟的堆肥或厩肥作基肥；田间管理应注意中耕除草、平衡施肥、修枝和病虫害防治，7 月下旬及时采摘。

适宜区域 该品种适宜重庆市海拔 600m 以下地区种植。

选育单位 重庆市中药研究院、铜梁县子奇药材有限公司

十九、天津市、贵州省、江苏省、江西省、新疆维吾尔自治区中药材新品种选育情况

地区：天津市

审批部门：天津市种子管理站

中药材品种审批依据归类：天津市非主要农作物品种登记办法

药材名	品种名	选育方法	选育年份	选育编号	选育单位
丹参	三倍体丹参	诱变杂交	2010		南开大学

地区：贵州

审批部门：贵州省种子管理站

中药材品种审批依据归类：贵州省中药材品种审

药材名	品种名	选育方法	选育年份	选育编号	选育单位
太子参	黔太子参1号	脱毒品种	2011	2011001	贵州昌昊中药发展公司

地区：江苏

审批部门：江苏省种子管理站

中药材品种审批依据归类：江苏省非主要农作物品种鉴定方法

药材名	品种名	选育方法	选育年份	选育编号	选育单位
黄芩	四倍体黄芩	化学诱变育种	2002		中国药科大学

地区：江西

审批部门：江西省种子管理站

中药材品种审批依据归类：江西省非主要农作物品种

药材名	品种名	选育方法	选育年份	选育编号	选育单位
水栀子	药都选1号	系选	2006		江西樟树药都中药材种养专业学校

地区：新疆

审批部门：新疆自治区种子管理总站

中药材品种审批依据归类：新疆自治区非主要农作物品种登记

药材名	品种名	选育方法	选育年份	选育编号	选育单位
红花	新红花7号	杂交	2007		新疆农业科学院经济作物研究所

致 谢

本书主要统计了10几年来（2003—2016年）全国各育种单位选育的中药新品种，资料收集过程中，得到了北京市种子管理站徐淑莲老师、山西大学秦雪梅教授、湖北省农业科学院中药材研究所廖朝林研究员、广州中医药大学赖小平研究员、河北省农林科学院经济作物研究所药用植物研究中心谢晓亮研究员、山东中医药大学张永清教授、浙江省中药研究所王志安研究员、中国医学科学院药用植物研究所广西分所（广西药用植物园）马小军研究员、成都中医药大学李敏教授、福建省农业科学院陈菁瑛研究员、河南中医药大学董诚明研究员、吉林省种子管理总站刘振蛟老师、吉林农业大学张连学教授、湖南农业大学曾建国教授、甘肃中医药大学杜弢教授、安徽省农业科学院园艺所董玲研究员、贵州省中药研究所冉懋雄研究员、重庆市中药研究院李隆云研究员、宁夏农林科学院安巍研究员等专家给予大力支持和帮助，在此表示衷心感谢。

编者
2017年3月